数学核心教程系列 / 柴俊主编

线性规划理论与模型应用

束金龙　闻人凯 编著

教育部"世行贷款21世纪初高等教育教学改革项目""面向21世纪高等师范教学改革项目"成果

科　学　出　版　社

北　京

内 容 简 介

本书介绍了线性规划理论及其主要应用领域.内容包括线性规划模型的建立及单纯形法、对偶线性规划、运输问题的线性规划模型和表上作业法、整数线性规划以及涉及线性规划理论的运筹学中其他分支,如排序理论、对策论、统筹方法等.本书通过许多具有代表性的数学模型,向读者展现了线性规划理论与单纯形方法的本质与应用过程,旨在培养读者掌握线性规划模型的建立、求解和实际应用能力.

本书可作为高等院校数学、信息与科学计算、财经和管理类专业的本科生教材,亦可供从事相关专业的工作人员研究参考.

图书在版编目(CIP)数据

线性规划理论与模型应用/束金龙,闻人凯编著. —北京:科学出版社,2003

数学核心教程系列/柴俊主编
ISBN 978-7-03-011729-8

Ⅰ.线…　Ⅱ.①束…②闻…　Ⅲ.①线性规划-高等学校-教材
Ⅳ.O221.1

中国版本图书馆 CIP 数据核字(2003)第 059509 号

策划编辑:王　静　张中兴 / 责任校对:钟　洋
责任印制:赵　博/封面设计:黄华斌

科 学 出 版 社 出版
北京东黄城根北街 16 号
邮政编码:100717
http://www.sciencep.com

中煤(北京)印务有限公司印刷
科学出版社发行　各地新华书店经销

*

2003 年 10 月第 一 版　开本:B5(720×1000)
2025 年 1 月第十七次印刷　印张:13 1/4
字数:249 000
定价:**49.00** 元
(如有印装质量问题,我社负责调换)

序　言

自 20 世纪 90 年代后期开始,我国的高等教育改革步伐日益加快.在实行 5 天工作制,教学总时数减少,而新的专业课程却不断出现.对传统的专业课程应该如何处置,这样一个不能回避的问题就摆在了我们的面前.而这时,教育部师范司启动了面向 21 世纪教学改革计划.在我们进行"数学专业培养方案"项目的研究中,这个问题有两种方案可以选择:一是简单化的做法,或者削减必修课的数量,将一些传统的数学课程从必修课的名单中去掉,变为选修课,或者少讲内容减少课时;二是对每门课程的教学内容进行优化、整合,建立一些理论平台,减少一些繁琐的论证和计算,以达到削减课时,同时又能保证基本教学内容的目的.我们选择了第二种方案.

当我们真正进入实质性操作时,才感到这样做的困难并不少.首先,教师对数学的认识需要改变.理论"平台"该不该建?在人们的印象中,似乎数学课程中不应该有不加证明而承认的定理,这样做有悖于数学的"严密性".其实这种"平台"早已有之,中学数学中的实数就是例子.第二个困难是哪些内容属于整合对象,优化从何处下手.我们希望每门课程的内容要精练,尽可能地反映这门课程的基本思想和方法,重视数学能力和数学意识的培养,让学生体会数学知识产生和发展的过程以及应用价值,而不去过分地追求逻辑体系的严密性.

教材从 1998 年开始编写,历时 5 年,经反复试用,几易其稿.在这期间,我们又经历了一些大事.1999 年高校开始大幅度扩大招生规模,学生情况的变化,提示我们教材的编写要适应教育形势的变化,迎接"大众教育"的到来.2001 年,针对教育发展的新形势,高教司启动了 21 世纪初高等理工科教育教学改革项目,在项目"数学专业分层次教学改革实践"的研究过程中,我们对"大众教育"的学生状况有了更具体、更直接的了解.在经历大规模扩招后,在校学生的差距不断增大,我们应该根据学生的具体情况,实行分层次、多形式的培养模式,每个培养模式应该有各自不同的教学和学习要求.此外,教材的内容还应该为教师提供多一些的选择,给学生有自我学习的空间,要反映学科的新进展和新应用,使所有学生都能学到课程的基本内容和思想方法,使部分优秀学生有进一步提高的空间.这个指导思想贯穿了本套教材的最后修改稿.

在建立"理论平台"与打好数学基础之间如何进行平衡,也是本套教材编写中重点考虑的问题.其实任何基础都是随着时代的进步而变化的,面对科学技术的进步,对基础的看法也要"与时俱进".新的知识充实进来,一部分老的知识就要被简化、整合,甚至抛弃.并且基础应该以创新为目标,并不是什么都是越深越好、越厚越好.在现实条件下,建立一些"课程平台"或"理论平台"是解决课时偏少的有效手段,也可以使数学教学的内容加快走向现代化.不然的话,100 年以后,我们的数学基础大概一辈子也学不完了.

　　本套教材的主要内容适合每周 3 学时,总共 50 学时左右的教学要求.同时,教材留有适量的选学内容,可以作为优秀学生的课外或课堂学习材料,教师可以根据学生情况决定.

　　教材的编写和出版得益于国家理科基地的建设和教育部师范司、高教司教改项目的支持.我们还要对在本套教材出版过程中提供过帮助的单位和个人表示衷心的感谢.首先要感谢华东师范大学数学系的广大师生自始至终对教材编写工作的支持,感谢华东师范大学教务处领导对教材建设的关心.最后,感谢张奠宙教授作为教育部两个项目的负责人对本套教材提出的极为珍贵的意见和建议.

　　尽管我们的教材经过了多次试用,但其中仍难免有疏漏之处,恳请广大读者批评指正.另外,如对书中内容的处理有不同看法,欢迎探讨.真诚希望大家共同努力将我国的高等教育事业推向一个新阶段.

柴　俊

2003 年 6 月

于华东师范大学

前　言

　　20 世纪的 30 年代末 40 年代初,随着战争的需要和现代工业的迅速发展,在数学领域中出现了一门重要的应用数学学科——运筹学. 运筹学家 C W Churchman 认为:运筹学是把科学的方法、技术和工具应用到一个系统的各种管理问题上,为人们提供最佳的解决问题的方法. 运筹学发展至今,已经形成了许多完善的理论分支:规划论、排队论、对策论、存储论、决策论、图论、模型论,等等.其中规划论是运筹学中最早形成的一个理论分支,也是运筹学中十分重要的一个分支.

　　规划论又包含了许多具体而丰富的研究方向:线性规划、非线性规划、动态规划、整数规划、几何规划、半无限规划、多目标规划等. 由此可见,线性规划只是运筹学中一个非常小的组成部分. 然而,线性规划的实际应用性却是不可忽视的. 20 世纪 70 年代,有人曾做过一个统计:全世界计算机在数值计算方面的大部分机时是应用于线性规划的求解上.同时,20 世纪的八九十年代,在全球范围内兴起的数学建模的热潮,尤其通过大学生数学建模竞赛的推波助澜,使数学、数学建模得到社会更广泛阶层的关注与应用,线性规划模型是其重要的组成部分. 足见线性规划在整个应用数学中的重要地位.

　　近年来, 为了适应社会的需求, 教育部对本科专业进行了调整, 各大专院校对课程设置都进行了大量的修订. 同时形成了许多边缘学科、新兴学科和交叉学科,并在很短时间内就显现出强大的生命力,这对各专业都提出了更新更高的要求,自然对运筹学专业、运筹学教材、运筹学教学也提出了"与时俱进"的要求. 在这样的历史时期下, 鉴于线性规划理论在运筹学中的重要地位和其不可替代的作用,以及线性规划模型十分广泛的应用,我们感到有必要编写一本专门关于线性规划理论与模型应用的教材,同时希望能够让更多的读者通过较少课时(54 课时)的学习就能很好地掌握这些知识.

　　基于这样的初衷,我们编写本教材的重点在于系统讲授线性规划理论,注重理论的简洁性与完整性;模型的多样性,建立模型的技巧性;通过对综合性案例的分析,建立模型,利用计算机求解,回应到实际问题的最优决策方案等一系列过程,加强学生将理论应用到实际中的能力、计算机应用能力和总体能力的培养.

　　更具体地讲,在理论方面,我们不仅注重体系的完整性和严密性,给出了线性规划理论的主要定理及其相关证明;我们还注重理论的时代性,即尽可能将新的理论和算法的研究进展融入到相关内容中,同时应用新的理论和方法给出一些问题的新解法.

　　用数学语言描述实际问题,即建立数学模型,这对数学工作者及提出问题的各领域的管理人员来说都是最困难的第一步. 实际上这就是数学理论应用于实际问题的很关键的"瓶颈". 鉴于此,我们在建立运筹学模型方面也花了相当大的功夫. 在第 1 章的开始,我们就给出了建立线性规划模型的一般方法;同时在第 1 章和第 3 章,我们给出许多很具代表性的数学模型,向读者展现线性规划模型丰富多彩的一面和广泛的应用性;其实,在本教材的每一章节,对所涉及的问题,我们均简洁地给出相关问题的模型. 我们希望读者通过本教材的学习,能很好地掌握运筹学模型(尤其线性规划模型)的建立、求解,并将其应用到实际问题的解决中去. 对读者这方面能力的培养,我们责无旁贷,这也是我们编写本教材的重要目的之一.

此外,我们不想、也不愿意写得繁琐和难读,因此在编写本教材时,我们还十分注重用简练的文字和尽可能贴近实际的具体例子向读者展现线性规划理论与单纯形方法的本质与应用过程.

本书各章的编写工作分工为:闻人凯编写第 1 章、第 2 章的 §2.1~§2.4,束金龙编写第 2 章的 §2.5、第 3 章、第 4 章和第 5 章. 全书由束金龙进行了统稿和审定. 本书的编写得到了华东师范大学教务处、数学系领导有力的支持和关心,在此表示衷心的感谢! 同时编者还要感谢华东师范大学数学系的戴浩晖博士,他对本书第 5 章的 §5.3 对策论的编写提出了许多非常有建设性的建议.

本教材是为高等院校数学系的信息与计算科学专业、数学与应用数学专业本科生编写的教材,亦可作为所有需要学习运筹学课程的各科专业的本科生、研究生的基础教材,也是进一步学习与运筹学相关课程的先修教材. 因而,本书也可作为财经类和管理类专业本科生的教材,同时也可作为工商管理硕士研究生的教材或参考书,还可以作为其他理科高年级或硕士研究生选修课的教材. 编者力求创新,但因水平所限,书中的不妥与错误之处,恳请广大读者和专家学者批评指正.

编　者

2003 年 8 月

目　　录

第1章　线性规划

1939 年, 前苏联科学家康托洛维奇总结了他对生产组织的研究, 写出了《生产组织与计划中的数学方法》一书, 是线性规划应用于工业生产问题的经典著作. 1947 年, 丹齐格 (G B Dantzig) 提出了单纯形方法后, 线性规划便迅速形成了一个独立的理论分支. 1979 年, 前苏联科学家哈奇安首次提出求解线性规划问题的一个多项式算法 —— 椭球算法. 1984 年, 卡马卡 (N Karmarkar) 提出了解线性规划问题的一个新的内点算法, 它是一种更为有效的多项式算法. 这些为线性规划更好地应用于实际提供了完善的理论基础和算法.

§1.1　线性规划模型

一、建立线性规划模型的方法

本节的开始, 我们给出从实际问题中建立数学模型的三个步骤:

(1) 根据影响所要达到目的的因素找到决策变量;

(2) 由决策变量和所要达到目的之间的函数关系确定目标函数;

(3) 由决策变量所受的限制条件确定决策变量所要满足的约束条件.

当我们得到的数学模型的目标函数为线性函数, 约束条件为线性等式或不等式时, 该模型称为 **线性规划模型**.

二、常见的线性规划模型

实际的线性规划模型有许多类型. 这里给出几个十分简单而又有典型意义的模型, 以方便读者对线性规划模型有具体而全面的了解, 并对建立线性规划模型解决实际问题有所启发.

1.生产安排模型

某工厂要安排生产 I、II 两种产品, 已知生产单位产品所需的设备台时及 A、B 两种原材料的消耗, 如表 1.1 所示. 表中右边一列是每日设备能力及原材料供应的限量 (资源总量). 该工厂生产一单位产品 I 可获利 2 元, 生产一单位产品 II 可获利 3 元, 问应如何安排生产, 使其获利最多?

表 1.1

	I	II	资源总量
设备	1	2	8/ 台时
原材料 A	4	0	16/ 千克
原材料 B	0	4	12/ 千克

解

①确定决策变量：设 x_1, x_2 为产品 I 、 II 的生产数量；

②明确目标函数：获利最大，即求 $2x_1 + 3x_2$ 的最大值；

③所满足的约束条件

$$\begin{aligned} \text{设备限制:} \quad & x_1 + 2x_2 \leqslant 8, \\ \text{原材料 A 限制:} \quad & 4x_1 \leqslant 16, \\ \text{原材料 B 限制:} \quad & 4x_2 \leqslant 12, \\ \text{基本要求:} \quad & x_1、x_2 \geqslant 0. \end{aligned}$$

用 max 代替最大值， s.t.(subject to 的简写) 代替约束条件，则该模型可记为

$$\begin{aligned} \max \quad & z = 2x_1 + 3x_2, \\ \text{s.t.} \quad & x_1 + 2x_2 \leqslant 8, \\ & 4x_1 \leqslant 16, \\ & 4x_2 \leqslant 12, \\ & x_1, x_2 \geqslant 0. \end{aligned}$$

2.混合配料模型

某养鸡场有一万只鸡，用动物饲料和谷物饲料混合喂养. 每天每只鸡平均吃混合饲料一斤 *，其中动物饲料占的比例不得少于 1/5，动物饲料每斤 0.25 元，谷物饲料每斤 0.20 元. 饲料公司每周至多能供应谷物饲料 5 万斤，问应怎样混合饲料，才能使养鸡场每周的成本最低？

解

①确定决策变量：设该养鸡场每周需动物饲料 x_1 斤，谷物饲料 x_2 斤；

②明确目标函数：成本最低，即求 $0.25x_1 + 0.20x_2$ 最小；

③所满足约束条件

$$\begin{aligned} \text{总需要量:} \quad & x_1 + x_2 \geqslant 70000, \\ \text{动物饲料:} \quad & x_1 \geqslant \frac{1}{5}(x_1 + x_2), \\ \text{谷物饲料:} \quad & x_2 \leqslant 50000, \\ \text{基本要求:} \quad & x_1, x_2 \geqslant 0. \end{aligned}$$

该模型可记为

---

*1 斤 =500 克.

$$\min \quad z = 0.25x_1 + 0.20x_2,$$
$$\text{s.t.} \quad x_1 + x_2 \geqslant 70000,$$
$$4x_1 - x_2 \geqslant 0,$$
$$x_2 \leqslant 50000,$$
$$x_1、x_2 \geqslant 0.$$

3. 配套生产模型

某工厂有三个车间, 生产一种产品, 该产品由三种不同的部件组成, 每个车间均可生产这三种部件, 各车间工时限制和这三种部件的生产效率如表 1.2. 各车间应如何分配工时, 才能使该产品的件数最多?

表 1.2

车间	工时限制 (小时)	部件 1 (件数 / 小时)	部件 2 (件数 / 小时)	部件 3 (件数 / 小时)
甲	100	10	15	5
乙	150	15	10	5
丙	90	20	5	10

解 决策变量: 设甲车间生产部件 1,2,3 的工时分别为 x_1, x_2, x_3; 乙车间生产部件 1,2,3 的工时分别为 x_4, x_5, x_6; 丙车间工时分配分别为 x_7, x_8, x_9. 则约束条件为

$$x_1 + x_2 + x_3 \leqslant 100,$$
$$x_4 + x_5 + x_6 \leqslant 150,$$
$$x_7 + x_8 + x_9 \leqslant 90.$$

生产部件 1 的数量为 $10x_1 + 15x_4 + 20x_7$, 部件 2 的数量为 $15x_2 + 10x_5 + 5x_8$, 部件 3 的数量为 $5x_3 + 5x_6 + 10x_9$, 一件产品由这三个部件组成. 则产品数量为

$$\min\{10x_1 + 15x_4 + 20x_7, 15x_2 + 10x_5 + 5x_8, 5x_3 + 5x_6 + 10x_9\}.$$

设其为 y, 目标函数为求 y 的最大值, 显然有

$$10x_1 + 15x_4 + 20x_7 \geqslant y,$$
$$15x_2 + 10x_5 + 5x_8 \geqslant y,$$
$$5x_3 + 5x_6 + 10x_9 \geqslant y.$$

所以模型归结为

$$\max \quad y,$$

$$\text{s.t.} \quad 10x_1 + 15x_4 + 20x_7 \geqslant y,$$

$$15x_2 + 10x_5 + 5x_8 \geqslant y,$$

$$5x_3 + 5x_6 + 10x_9 \geqslant y,$$

$$x_1 + x_2 + x_3 \leqslant 100,$$

$$x_4 + x_5 + x_6 \leqslant 150,$$

$$x_7 + x_8 + x_9 \leqslant 90,$$

$$y, x_i \geqslant 0 \quad (i = 1, 2, \cdots, 9).$$

4. 运输问题模型

要从甲城调出蔬菜 2000 吨，从乙城调出蔬菜 1100 吨；分别供应 A 地 1700 吨，B 地 1100 吨，C 地 200 吨，D 地 100 吨. 已知每吨运费如表 1.3 所示，如何调派可使总运费最省？

表 1.3

每吨运费	A 地	B 地	C 地	D 地
甲城	21	25	7	15
乙城	51	51	37	15

解   设 $x_{11}, x_{12}, x_{13}, x_{14}$ 分别表示从甲城调往 A, B, C, D 四地的蔬菜数量；$x_{21}, x_{22}, x_{23}, x_{24}$ 分别表示从乙城调往 A, B, C, D 四地的蔬菜数量.

总运费为 $z = 21x_{11} + 25x_{12} + 7x_{13} + 15x_{14} + 51x_{21} + 51x_{22} + 37x_{23} + 15x_{24}$.

从甲、乙两城分别调往 A, B, C, D 四地的蔬菜数量的总和应该分别等于 2000 吨和 1100 吨，所以这些 x_{ij} 应满足

$$\begin{cases} x_{11} + x_{12} + x_{13} + x_{14} = 2000, \\ x_{21} + x_{22} + x_{23} + x_{24} = 1100. \end{cases}$$

运到 A, B, C, D 四地的蔬菜数量应该分别为 1700 吨、1100 吨、200 吨、100 吨，所以 x_{ij} 还应满足

$$\begin{cases} x_{11} + x_{21} = 1700, \\ x_{12} + x_{22} = 1100, \\ x_{13} + x_{23} = 200, \\ x_{14} + x_{24} = 100. \end{cases}$$

x_{ij} 是运输量, 不能是负数, 因而还应满足

$$x_{ij} \geqslant 0 \qquad (i = 1, 2; j = 1, 2, 3, 4),$$

所以运输问题的模型归结为

$$\begin{aligned} \min \quad & z = 21x_{11} + 25x_{12} + 7x_{13} + 15x_{14} + 51x_{21} + 51x_{22} + 37x_{23} + 15x_{24}, \\ \text{s.t.} \quad & x_{11} + x_{12} + x_{13} + x_{14} = 2000, \\ & x_{21} + x_{22} + x_{23} + x_{24} = 1100, \\ & x_{11} + x_{21} = 1700, \\ & x_{12} + x_{22} = 1100, \\ & x_{13} + x_{23} = 200, \\ & x_{14} + x_{24} = 100, \\ & x_{ij} \geqslant 0 \qquad (i = 1, 2; j = 1, 2, 3, 4). \end{aligned}$$

运输问题是一类特殊的线性规划问题, 将在第 3 章专门讨论其特点和解法.

5. 截料模型

现有 15 米长的钢管若干, 生产某产品需 4 米, 5 米, 7 米长钢管各为 100, 150, 120 根. 问如何截取才可使原材料最省?

分析 前几个模型的决策变量较好确定, 而该模型的决策变量却不容易一下确定出来. 首先弄清楚 15 米的长钢管截成所需钢管有几种方法, 表 1.4 给出所有截法.

表 1.4

规格 / 根　　序号	1	2	3	4	5	6	7
7 米	2	1	1	0	0	0	0
5 米	0	1	0	3	2	1	0
4 米	0	0	2	0	1	2	3
余料 / 米	1	3	0	0	1	2	3

例如, 方法 3 表示将 15 米长的钢管截成一根 7 米长的钢管, 两根 4 米长的钢管, 余料为 0.

解 设按第 i 种方法截 x_i 根原料, $i = 1, 2, \cdots, 7$, 得模型如下:

$$\begin{aligned} \min \quad & z = x_1 + x_2 + x_3 + x_4 + x_5 + x_6 + x_7, \\ \text{s.t.} \quad & 2x_1 + x_2 + x_3 \geqslant 120, \\ & x_2 + 3x_4 + 2x_5 + x_6 \geqslant 150, \\ & 2x_3 + x_5 + 2x_6 + 3x_7 \geqslant 100, \\ & x_i \geqslant 0 \qquad (i = 1, 2, \cdots, 7) 且为整数. \end{aligned}$$

当至少有一个变量要求必须为整数时，这样的线性规划模型称为整数规划，本书将在第 4 章讨论整数规划问题.

6.投资模型

设有一笔资金 150 万元，可在三年时间内用于投资，并有 A,B,C,D 四种投资项目可供选择：项目 A 每年均可投资，每年可增值 7%；项目 B 每年均可投资，第一年可增值 5%，第二年以后每年可增值 8%；项目 C 必须在第一年投资，第二年以后就不能投资，到第三年末可增值 20%；项目 D 须到第二年初才能投资，到第三年末可增值 16%. 试制定投资计划，使得第三年末增值后的总额最大.

解 设决策变量： $A_i(i = 1, 2, 3)$ 为项目 A 在第 i 年年初投资金额； $B_i(i = 1, 2, 3)$ 为项目 B 在第 i 年年初投资金额；C_1 为项目 C 在第一年年初的投资金额；D_2 为项目 D 在第二年年初的投资金额.

目标函数为第三年末的总金额 $z = 1.07A_3 + 1.08B_3 + 1.20C_1 + 1.16D_2$.

约束条件

$$A_1 + B_1 + C_1 \leqslant 150,$$
$$A_2 + B_2 + D_2 \leqslant 150 + 0.07A_1 + 0.05B_1 - C_1,$$
$$A_3 + B_3 \leqslant 150 + 0.07A_1 + 0.05B_1 + 0.07A_2 + 0.08B_2 - C_1 - D_2.$$

化简整理得该模型为

$$\begin{aligned}
\max \quad & z = 1.07A_3 + 1.08B_3 + 1.20C_1 + 1.16D_2, \\
\text{s.t.} \quad & A_1 + B_1 + C_1 \leqslant 150, \\
& -0.07A_1 - 0.05B_1 + C_1 + A_2 + B_2 + D_2 \leqslant 150, \\
& -0.07A_1 - 0.05B_1 - 0.07A_2 - 0.08B_2 + C_1 + D_2 + A_3 + B_3 \leqslant 150, \\
& A_1, A_2, A_3, B_1, B_2, B_3, C_1, D_2 \geqslant 0.
\end{aligned}$$

7.连续加工模型

一工厂在第一车间用一单位原料 M 可加工成 3 单位产品 A 及 2 单位产品 B，A 可以按每单位售价 8 元出售，也可以在第二车间继续加工，每单位生产费用要增加 6 元，加工后每单位售价为 16 元；B 可以按每单位售价 7 元出售，也可以在第三车间继续加工，每单位生产费用要增加 4 元，加工后每单位售价为 12 元. 原料 M 的单位购入价为 2 元. 上述生产费用不包括工资在内. 三个车间每月最多有 20 万工时，每工时工资 0.5 元. 每加工一单位 M 需 1.5 工时，如 A 继续加工，每单位需 3 工时；如 B 继续加工，每单位需 1 工时. 每月最多能得到的原料 M 为 10 万单位. 问如何安排生产，使工厂获利最大？

解 设 x_1 为 A 出售数量，x_2 为 A 加工后出售数量，x_3 为 B 出售数量，x_4 为 B 加工后出售数量，x_5 为加工原材料 M 的数量. 于是模型为

$$\max \quad z = 8x_1 + 8.5x_2 + 7x_3 + 7.5x_4 - 2.75x_5,$$
$$\text{s.t.} \quad x_5 \leqslant 100000,$$
$$3x_2 + x_4 + 1.5x_5 \leqslant 200000,$$
$$x_1 + x_2 - 3x_5 = 0,$$
$$x_3 + x_4 - 2x_5 = 0,$$
$$x_i \geqslant 0 \quad (i = 1, 2, 3, 4, 5).$$

三、线性规划标准型及解的基本概念

由以上七个模型可见, 这些模型的目标函数为线性函数, 约束条件为线性不等式或等式. 因而它们均是线性规划模型. 尽管它们不尽相同, 但可归纳为

$$\min(\text{或} \max) \quad z = c_1x_1 + c_2x_2 + \cdots + c_nx_n,$$
$$\text{s.t.} \quad a_{11}x_1 + a_{12}x_2 + \cdots + a_{1n}x_n \leqslant (\text{或} =, \geqslant)b_1,$$
$$a_{21}x_1 + a_{22}x_2 + \cdots + a_{2n}x_n \leqslant (\text{或} =, \geqslant)b_2,$$
$$\vdots$$
$$a_{m1}x_1 + a_{m2}x_2 + \cdots + a_{mn}x_n \leqslant (\text{或} =, \geqslant)b_m.$$

以上形式称为 **线性规划的一般形式**.

为了便于讨论、找到求解方法, 我们约定 **线性规划的标准形式** 为

$$\min \quad z = c_1x_1 + c_2x_2 + \cdots + c_nx_n,$$
$$\text{s.t.} \quad a_{11}x_1 + a_{12}x_2 + \cdots + a_{1n}x_n = b_1,$$
$$a_{21}x_1 + a_{22}x_2 + \cdots + a_{2n}x_n = b_2,$$
$$\vdots$$
$$a_{m1}x_1 + a_{m2}x_2 + \cdots + a_{mn}x_n = b_m,$$
$$x_i \geqslant 0 \quad (i = 1, 2, \cdots, n)$$

（ 这里等式右端 b_i 全为非负值, $i = 1, 2, \cdots, m$ ）. 即

$$\min \quad \sum_{j=1}^{n} c_j x_j,$$
$$\text{s.t.} \quad \sum_{j=1}^{n} a_{ij}x_j = b_i \quad (i = 1, 2, \cdots, m),$$
$$x_j \geqslant 0 \quad (j = 1, 2, \cdots, n).$$

其中行向量 $c = (c_1, c_2, \cdots, c_n)$ 称为目标函数系数向量, 列向量 $x = (x_1, x_2, \cdots, x_n)^{\mathrm{T}}$ 称为决策变量, $b = (b_1, b_2, \ldots, b_m)^{\mathrm{T}}$ 称为右边向量, 矩阵

$$A = \begin{pmatrix} a_{11} & a_{12} & \dots & a_{1n} \\ a_{21} & a_{22} & \dots & a_{2n} \\ \vdots & \vdots & & \vdots \\ a_{m1} & a_{m2} & \dots & a_{mn} \end{pmatrix}$$

称为约束系数矩阵.

于是, 线性规划也可表示为

$$(\text{LP}) \quad \min \quad cx,$$
$$\text{s.t.} \quad Ax = b,$$
$$x \geqslant 0 \quad (\text{其中} b \geqslant 0).$$

根据实际问题建立的模型常常不是标准形, 可用下述方法将它们转化为标准型:

(1) 若目标函数为 $\max z = \sum_{j=1}^{n} c_j x_j$, 令 $z = -z'$, 考虑 $\min z' = \sum_{j=1}^{n} (-c_j) x_j$. 求得 z' 加负号即得 z.

(2) 右端 $b_i < 0$ 时, 可在第 i 个约束两边同乘以 (-1).

(3) 若约束条件为 $\sum_{j=1}^{n} a_{ij} x_j \leqslant b_i$, 可增加一个变量 $x_{n+i}(x_{n+i} \geqslant 0)$, 此约束条件转化为

$$\sum_{j=1}^{n} a_{ij} x_j + x_{n+i} = b_i \quad (x_{n+i} \geqslant 0),$$

称 x_{n+i} 为松弛变量. 同样若约束条件为 $\sum_{j=1}^{n} a_{ij} x_j \geqslant b_i$, 可引入松弛变量 x_{n+i}, 转化为

$$\sum_{j=1}^{n} a_{ij} x_j - x_{n+i} = b_i \quad (x_{n+i} \geqslant 0),$$

松弛变量也称为剩余变量, 在实际问题中, 常常表示未被利用的资源或超出的资源数量, 不能转化为价值和利润, 在目标函数中的系数为零.

(4) 若某一变量无约束, 可令 $x_j = x_j' - x_j''$ (其中 $x_j' \geqslant 0, x_j'' \geqslant 0$), 作变量代换, 则新变量有非负约束. 若 $x_j \leqslant 0$, 令 $x_j' = -x_j$ 即可.

例 1.1 将下列线性规划化为标准形

$$\begin{aligned}
\max \quad & z = -3x_1 + 4x_2 - 2x_3 + 5x_4, \\
\text{s.t.} \quad & 4x_1 - x_2 + 2x_3 - x_4 \leqslant 14, \\
& -2x_1 + 3x_2 - x_3 + 2x_4 \geqslant 2, \\
& 3x_1 + x_2 + x_3 + x_4 \leqslant -3, \\
& x_1, x_2 \geqslant 0, x_4 \leqslant 0, x_3 无约束.
\end{aligned}$$

解 上述问题中令 $z' = -z, x_3 = x_3' - x_3'', x_4' = -x_4$. 于是该问题的标准形式为

$$\begin{aligned}
\min \quad & z' = 3x_1 - 4x_2 + 2x_3' - 2x_3'' + 5x_4', \\
\text{s.t.} \quad & 4x_1 - x_2 + 2x_3' - 2x_3'' + x_4' + x_5 = 14, \\
& -2x_1 + 3x_2 - x_3' + x_3'' - 2x_4' - x_6 = 2, \\
& -3x_1 - x_2 - x_3' + x_3'' + x_4' - x_7 = 3, \\
& x_1, x_2, x_3', x_3'', x_4', x_5, x_6, x_7 \geqslant 0.
\end{aligned}$$

若令： $y_1 = x_1, y_2 = x_2, y_3 = x_3', y_4 = x_3'', y_5 = x_4', y_6 = x_5, y_7 = x_6, y_8 = x_7,$
$y = (y_1, y_2, \cdots, y_8)^{\mathrm{T}}, c = (3, -4, 2, -2, 5, 0, 0, 0)$

$$A = \begin{pmatrix} 4 & -1 & 2 & -2 & 1 & 1 & 0 & 0 \\ -2 & 3 & -1 & 1 & -2 & 0 & -1 & 0 \\ -3 & -1 & -1 & 1 & 1 & 0 & 0 & -1 \end{pmatrix}, \qquad b = (14, 2, 3)^{\mathrm{T}}.$$

原问题标准形式的矩阵形式为

$$\begin{aligned}
\min \quad & cy, \\
\text{s.t.} \quad & Ay = b, \\
& y \geqslant 0.
\end{aligned}$$

一般在线性规划问题中， $D = \{x | Ax = b, x \geqslant 0\}$ 称为线性规划 (LP) 的 **可行域**. 若 $x \in D$, 则称 x 为 (LP) 的可行解. 若 $x^* \in D$ 且对任意 $x \in D$ 有 $cx^* \leqslant cx$, 则称 x^* 为 (LP) 的 **最优解**, cx^* 为 **最优值**. 线性规划 (LP) 可写为十分简洁的形式

$$\min_{x \in D} cx.$$

以后如不作特殊说明, 讨论线性规划问题均是在标准形式下进行.

§1.2 线性规划解的定义及图解法

一、线性规划的基解、基可行解

线性规划问题

$$\min \quad z = \sum_{j=1}^{n} c_j x_j,$$

$$\text{s.t.} \quad \sum_{j=1}^{n} a_{ij} x_j = b_i \quad (i = 1, 2, \cdots, m),$$

$$x_j \geqslant 0 \quad (j = 1, 2, \cdots, n).$$

设 A 为约束方程组的 $m \times n$ 阶系数矩阵 (设 $n > m$)，秩为 m，B 是矩阵 A 中一个 $m \times m$ 阶的满秩子矩阵，称 B 是线性规划问题的一个 **基阵** 或简称 **基**. 不失一般性，设

$$B = \begin{pmatrix} a_{11} & a_{12} & \cdots & a_{1m} \\ a_{21} & a_{22} & \cdots & a_{2m} \\ \vdots & \vdots & & \vdots \\ a_{m1} & a_{m2} & \cdots & a_{mm} \end{pmatrix} = (A_1, A_2, \cdots, A_m).$$

B 中每一个列向量 $A_j (j = 1, 2, \cdots, m)$ 称为 **基向量**，与基向量 A_j 对应的变量 x_j 称为 **基变量**. 线性规划中基变量以外的变量称为 **非基变量**. 在约束方程中，令所有非基变量 $x_{m+1} = x_{m+2} = \cdots = x_n = 0$，因为 B 是满秩矩阵，由 Cramer 法则，可以从方程组 $Ax = b$ 得到 m 个基变量的惟一解 $x_B = (x_1, x_2, \cdots, x_m)^{\mathrm{T}} = B^{-1}b$，称 $x = (x_1, x_2, \cdots, x_m, 0, \cdots, 0)^{\mathrm{T}}$ 为线性规划问题的 **基解**. 显然，基解的总数不超过 C_n^m 个. 当基解 x 满足 $x \geqslant 0$ 时称为 **基可行解**.

例 1.2 找出下述线性规划模型的全部基解，并指出其中的基可行解

$$\min \quad z = 2x_1 + 3x_2,$$

$$\text{s.t.} \quad x_1 + x_3 = 5,$$

$$x_1 + 2x_2 + x_4 = 10,$$

$$x_2 + x_5 = 4,$$

$$x_i \geqslant 0 \quad (i = 1, 2, 3, 4, 5).$$

解 该线性规划问题的全部基解见表 1.5.

表 1.5

	x_1	x_2	x_3	x_4	x_5	z	是否基可行解
①	0	0	5	10	4	0	是
②	0	4	5	2	0	12	是
③	5	0	0	5	4	10	是
④	0	5	5	0	−1	15	否
⑤	10	0	−5	0	4	20	否
⑥	5	2.5	0	0	1.5	17.5	是
⑦	5	4	0	−3	0	22	否
⑧	2	4	3	0	0	16	是

此处 $C_5^3 = 10$，但由 1、3、4 列及 2、4、5 列组成的子矩阵不是满秩的，故只有 8 个基，得到 8 个基解.

二、线性规划可行域的极点与基可行解的关系

如果集合 C 中任意两个点 x^1, x^2，其连线上的所有点也都是集合 C 中的点，称 C 为 **凸集**. 在多维空间中，用数学解析式可表为：对任何 $x^1 \in C$，$x^2 \in C$ 有 $\alpha x^1 + (1-\alpha)x^2 \in C(0 \leqslant \alpha \leqslant 1)$，则称 C 为凸集. 图 1.1 中 (a),(b) 是凸集，(c),(d) 不是凸集.

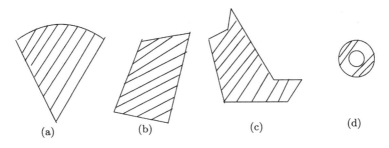

(a)　　　(b)　　　(c)　　　(d)

图 1.1

称 x 为凸集 C 的 **极点**，若 x 不能表示为 C 内某两个点的严格凸组合，即对任何 $x^1 \in C, x^2 \in C$，不存在 $0 < \alpha < 1$，使得 $x = \alpha x^1 + (1-\alpha)x^2$.

首先我们证明线性规划的可行域是凸集.

定理 1.1 若线性规划问题存在可行解，则可行域是凸集.

证 令 $D = \{x | Ax = b, x \geqslant 0\}$，对任意 $x^1 \in D, x^2 \in D$，则 $Ax^1 = b, x^1 \geqslant 0$; $Ax^2 = b, x^2 \geqslant 0$. 对任意 $\alpha(0 \leqslant \alpha \leqslant 1)$ 我们有

$$Ax = A(\alpha x^1 + (1-\alpha)x^2) = \alpha Ax^1 + (1-\alpha)Ax^2 = \alpha b + (1-\alpha)b = b,$$

因为 $x^1 \geqslant 0$, $x^2 \geqslant 0$, $0 \leqslant \alpha \leqslant 1$, 所以 $1 - \alpha \geqslant 0$, $\alpha x^1 + (1-\alpha)x^2 \geqslant 0$ ，因此 $x \in D$, 即 D 是凸集.　　□

下面我们讨论极点与基可行解之间的关系, 先给出基可行解的一个充要条件.

引理 1.1　线性规划问题的可行解 $x = (x_1, x_2, \cdots, x_n)^{\mathrm{T}}$ 为基可行解的充要条件是 x 的正分量对应的系数矩阵中列向量是线性无关的.

证　**必要性**　由基可行解的定义显然.

充分性　不妨设 x 的正分量为 $x_1, x_2, \cdots, x_k$, 其余分量为零, 相应的列向量 $A_1, A_2, \cdots, A_k$ 线性无关. 显然 $k \leqslant m$, 若 $k = m$, 则 $A_1, A_2, \cdots, A_k$ 就构成一个基阵, $x = (x_1, x_2, \cdots, x_k, 0, \cdots, 0)^{\mathrm{T}}$ 为相应的基可行解. 若 $k < m$, 因为 A 的秩为 m , 一定可从其余列向量中找出 $(m - k)$ 个列向量与 $A_1, A_2, \cdots, A_k$ 线性无关, 构成一个基, 其对应的解就是 x , 所以它是基可行解.　　□

定理 1.2　线性规划问题的基可行解 x 对应线性规划问题可行域 (凸集) 的极点.

证　先证 x 是基可行解, 则 x 是可行域的极点. 我们用反证法.

不失一般性, 设 $x = (x_1, x_2, \cdots, x_r, 0, \cdots, 0)^{\mathrm{T}}$ 不是可行域的极点, 则存在 $x^1 = (x_1^1, x_2^1, \cdots, x_n^1)^{\mathrm{T}}$, $x^2 = (x_1^2, x_2^2, \cdots, x_n^2)^{\mathrm{T}} \in D(x^1 \neq x^2)$ 及 $0 < \alpha < 1$, $x = \alpha x^1 + (1-\alpha)x^2$. 因为 $\alpha > 0$, $1 - \alpha > 0$, $x_{r+1} = \cdots = x_n = 0$, 所以 $x_{r+1}^1 = \cdots = x_n^1 = 0$, $x_{r+1}^2 = \cdots = x_n^2 = 0$. 因此

$$Ax^1 = x_1^1 A_1 + \cdots + x_r^1 A_r = b,$$
$$Ax^2 = x_1^2 A_1 + \cdots + x_r^2 A_r = b.$$

两式相减得：$(x_1^1 - x_1^2)A_1 + \cdots + (x_r^1 - x_r^2)A_r = 0$. 因为 $x^1 \neq x^2$, 所以 x_i^1 和 x_i^2 至少有一个不等, 所以 $A_1, A_2, \cdots, A_r$ 线性相关. 由引理 1.1 知 x 不是基可行解, 矛盾.

再证 x 是可行域的极点, 则 x 是基可行解.

仍用反证法, 设 x 不是基可行解. 不失一般性, 可假设 x 的前 r 个分量为正, 因而 $A_1, A_2, \cdots, A_r$ 线性相关, 即存在一组不全为零的数 $\delta_i (i = 1, 2, \cdots, r)$, 使

$$\delta_1 A_1 + \delta_2 A_2 + \cdots + \delta_r A_r = 0.$$

又 $Ax = b$, 即 $x_1 A_1 + x_2 A_2 + \cdots + x_r A_r = b$. 所以

$$(x_1 + \mu\delta_1)A_1 + (x_2 + \mu\delta_2)A_2 + \cdots + (x_r + \mu\delta_r)A_r = b,$$
$$(x_1 - \mu\delta_1)A_1 + (x_2 - \mu\delta_2)A_2 + \cdots + (x_r - \mu\delta_r)A_r = b.$$

令

$$x^1 = (x_1 + \mu\delta_1, x_2 + \mu\delta_2, \cdots, x_r + \mu\delta_r, 0, \cdots, 0),$$
$$x^2 = (x_1 - \mu\delta_1, x_2 - \mu\delta_2, \cdots, x_r - \mu\delta_r, 0, \cdots, 0).$$

因为 $x_i > 0(i = 1, \cdots, r); \delta_1, \cdots, \delta_r$ 不全为零，令 $\mu = \min\limits_{\delta_t \neq 0} \dfrac{x_t}{|\delta_t|}$ ，于是 $x_i \pm \mu\delta_i \geqslant 0(i = 1, 2, \cdots, r)$.

所以 $x^1 \in D,\ x^2 \in D,\ x^1 \neq x^2$ ，而 $x = \dfrac{1}{2}x^1 + \dfrac{1}{2}x^2$ ，所以 x 不是可行域的极点. 矛盾. □

由此我们知道线性规划基可行解对应可行域的极点，在可行域的几何特征与代数特征之间建立了紧密的联系.

三、线性规划图解法

为了对线性规划最优解有较直观的了解，我们对只有两个变量的线性规划问题，用平面上作图的方法来求解. 下面用一具体例子说明求解的方法.

例 1.3 用图解法解下列线性规划

$$\begin{aligned}
\max \quad & z = 2x_1 + 5x_2, \\
\text{s.t.} \quad & x_1 \leqslant 4, \\
& x_2 \leqslant 3, \\
& x_1 + 2x_2 \leqslant 8, \\
& x_1 \geqslant 0,\ x_2 \geqslant 0.
\end{aligned}$$

解 我们把 x_1, x_2 看成坐标平面上的坐标，满足约束条件中每一个不等式的点集就是一个半平面. 因为约束条件是由 5 个不等式组成，所以满足约束条件的点集是 5 个半平面相交部分. 图 1.2 中，凸多边形 $OABCD$ 内阴影部分任意一点均满足约束条件的 5 个不等式，而凸多边形外任意一点不能同时满足约束条件的 5 个不等式，图中阴影部分为可行域.

目标函数 $z = 2x_1 + 5x_2$ 的梯度方向为 $(2, 5)^{\mathrm{T}}$ ，在图中作出该向量，同时作 $2x_1 + 5x_2 = h$ 的一簇平行线，称为**目标函数的等值线**（图中用标号线作出）. ①为通过 $(0, 0)$, 方程为 $2x_1 + 5x_2 = 0$ 的直线；②为通过 $(2, 0)$ ，方程为 $2x_1 + 5x_2 = 4$ 的直线；③为通过 $A(4, 0)$ ，方程为 $2x_1 + 5x_2 = 8$ 的直线；④为通过 $D(0, 3)$ ，方程为 $2x_1 + 5x_2 = 15$ 的直线；⑤为通过 $B(4, 2)$ ，方程为 $2x_1 + 5x_2 = 18$ 的直线；⑥为通过 $C(2, 3)$ ，方程为 $2x_1 + 5x_2 = 19$ 的直线. 在同一等值线上目标值相等，如③上任一点的目标值均为 8.

原问题求目标函数 $2x_1 + 5x_2$ 的最大值，必须在可行域内找一点使 $z = 2x_1 + 5x_2$ 最大，而上述等值线沿梯度方向越来越大. 到临界状态⑥目标值为 19. 继续沿梯度方向上升，目标函数值会更大，但与可行域无交点，即找不到满足所有约束条件的点使目标函数值比 19 大.

因此原问题的最优解为临界等值线与可行域的交点：$x^* = (2, 3)^{\mathrm{T}}$, 最优值为 19. 由此得到图解方法的基本步骤:

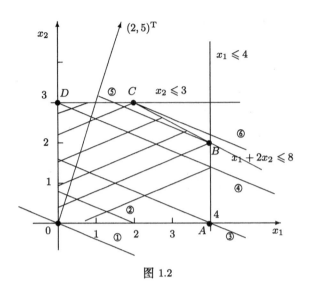

图 1.2

(1) 作出问题的可行域 D ;

(2) 标出目标函数的梯度方向;

(3) 作出目标函数的等值线, 使其与可行域 D 有交点. 若求最大值, 将等值线沿梯度方向推进; 求最小值, 将等值线沿负梯度方向推进, 直至临界状态 (与可行域有交点, 但继续下去将无交点, 此时称临界状态). 临界等值线与 D 的交点即为最优解, 等值线的值为最优值.

我们再看一些例子:

例 1.4　用图解法解下列线性规划

$$\begin{aligned}
\max\quad & z = x_1 + x_2,\\
\text{s.t.}\quad & 2x_1 + 5x_2 \leqslant 20,\\
& 2x_1 + x_2 \leqslant 8,\\
& x_1 + x_2 \leqslant 5,\\
& x_1,\ x_2 \geqslant 0.
\end{aligned}$$

解　(1) 作出此问题的可行域 (图 1.3);

(2) 目标函数梯度方向为 $(1,1)^{\mathrm{T}}$;

(3) 目标函数的等值线沿梯度方向推进, 临界等值线为 $x_1 + x_2 = 5$, 与可行域交于一线段 PQ. $P\left(\dfrac{5}{3}, \dfrac{10}{3}\right)$, $Q(3,2)$, 最优解为 PQ 上任一点, 最优值为 5. 最优解可写成

$$x_1^* = \frac{5}{3}(1-\lambda) + 3\lambda = \frac{4}{3}\lambda + \frac{5}{3},$$

$$x_2^* = \frac{10}{3}(1-\lambda) + 2\lambda = -\frac{4}{3}\lambda + \frac{10}{3},$$

其中 $0 \leqslant \lambda \leqslant 1$.

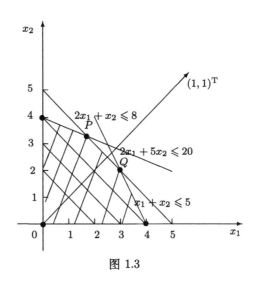

图 1.3

例 1.5 用图解法解下列线性规划

$$\min \quad z = -2x_1 + x_2,$$
$$\text{s.t.} \quad -x_1 + x_2 \leqslant 2,$$
$$x_1 - 4x_2 \leqslant 2,$$
$$x_1, x_2 \geqslant 0.$$

解 作出可行域 (图 1.4).

这是一个无界区域; 标出目标函数的梯度方向为 $(-2,1)^{\mathrm{T}}$, 目标函数的等值线沿负梯度方向推进, 可一直进行下去, 得不到临界等值线, 此问题目标值无下界, 无最优解.

此问题将目标函数改为 $\max z = -2x_1 + x_2$. 则临界等值线为 $-2x_1 + x_2 = 2$, 最优解为 $(0,2)^{\mathrm{T}}$, 最优值为 2. 若再将目标函数改为 $\min z = x_1 - x_2$ 时, 目标函数值梯度方向为 $(1,-1)^{\mathrm{T}}$, 目标函数值等值线沿负梯度方向推进, 临界等值线为 $x_1 - x_2 = -2$, 与可行域交线为一射线 PQ (图 1.5), $P(2,0)$, 方向 $(1,1)^{\mathrm{T}}$.

即射线上的任意点均为最优解, 最优值为 -2, 此时最优解可写为 $x_1^* = \lambda, x_2^* = 2 + \lambda, \lambda \geqslant 0$.

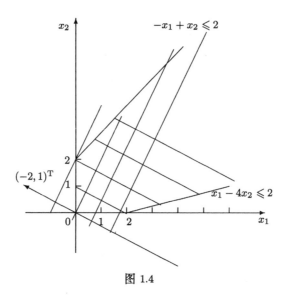

图 1.4

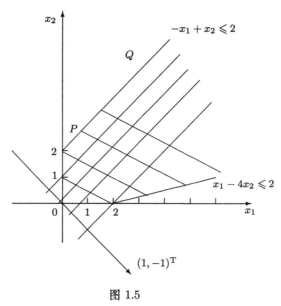

图 1.5

例 1.6   用图解法解下列线性规划

$$\min \quad z = -2x_1 + 3x_2,$$

$$\text{s.t.} \quad x_1 + 2x_2 \leqslant 2,$$

$$2x_1 - x_2 \leqslant 2,$$

$$x_2 \geqslant 3,$$

$$x_1, x_2 \geqslant 0.$$

解 作此问题的可行域（图 1.6）.

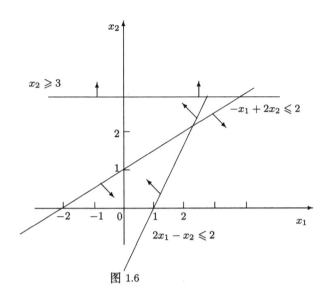

图 1.6

可见 $D = \varnothing$ ，可行域为空集，此线性规划无最优解.

四、线性规划最优解的几种情况

由以上几个例子可以看出线性规划有下列几种情况：

(1) 线性规划有最优解时，可能有惟一最优解，也可能有无穷多个最优解. 注意当最优解不惟一时，一定有无穷多个最优解，不可能为有限个. 最优解的目标函数值均相等.

(2) 线性规划没有最优解时，也有两种情况. 一是可行域为空集，二是目标函数值无界（求最大时无上界，求最小时无下界）.

从前面例子我们还看到，当线性规划有最优解时，一定可以在可行域的某个极点上取到. 当有惟一解时，最优解就是可行域的某个极点. 当有无穷多个解时，其中至少有一个是可行域的一个极点，下面我们对此加以证明.

定理 1.3 若线性规划问题有最优解，一定存在一个基可行解是最优解.

证 设 x^0 是线性规划的一个最优解，$z = cx^0$ 是目标函数最小值. 若 x^0 不是基可行解，不失一般性假设 $x^0 = (x_1^0, x_2^0, \cdots, x_r^0, 0, \cdots, 0)^{\mathrm{T}}$ ，由引理 1.1 ，非零分量对应的列向量 $A_1, A_2, \cdots, A_r$ 线性相关，类似定理 1.2 证明，我们有

$$x^1 = (x_1^0 + \mu\delta_1, x_2^0 + \mu\delta_2, \cdots, x_r^0 + \mu\delta_r, 0, \cdots, 0)^{\mathrm{T}},$$
$$x^2 = (x_1^0 - \mu\delta_1, x_2^0 - \mu\delta_2, \cdots, x_r^0 - \mu\delta_r, 0, \cdots, 0)^{\mathrm{T}}.$$

$x^1 \neq x^2$ ，且在可行域内， $x = \dfrac{1}{2}(x^1 + x^2)$ ，由 $\mu = \min\limits_{\delta_t \neq 0} \dfrac{x_t^0}{|\delta_t|}$ ， x^1, x^2 中至少有一个向量的非零分量个数比 x^0 少. 若记 $\delta = (\delta_1, \delta_2, \cdots, \delta_r, 0, \cdots, 0)^{\mathrm{T}}$ ，有 $x^1 = x^0 + \mu\delta,\ x^2 = x^0 - \mu\delta$. 因为 x^0 是最优解，所以

$$cx^1 = c(x^0 + \mu\delta) = cx^0 + c\mu\delta \geqslant cx^0,$$
$$cx^2 = c(x^0 - \mu\delta) = cx^0 - c\mu\delta \geqslant cx^0.$$

于是 $c\mu\delta = 0$, $cx^1 = cx^2 = cx^0$. 则 x^1, x^2 也是最优解. 我们取 x^1, x^2 中非零分量较少的一个为 x^1 ，若此时对应的列向量线性无关，就是一个基可行解，否则按上面方法继续下去，由于非零分量个数逐渐减少，一定在某步得到 x^k ，非零分量对应的列向量线性无关，是一个基可行解，且 $cx^k = cx^0$ ，所以也是一个最优解，定理得证.　　□

§1.3　线性规划的单纯形法

一、线性规划单纯形法的理论基础

由上节定理 1.3 我们知道如果线性规划问题有最优解，则至少有一个是基可行解. 因此我们只在基可行解中找最优解. 线性规划单纯形解法的基本思路是先找到一个基可行解，判断它是否是最优解，如果不是，则转换到相邻的一个基可行解（两个基可行解相邻是指它们之间仅有一个基变量不相同），并使目标函数值下降(或不上升)，这样重复进行有限次后，可找到最优解或判断问题无最优解.

寻找初始可行解的方法将在后面讨论. 现假定已有一个基可行解，相应的基为 B ，不妨设 $B = (A_{B_1}, A_{B_2}, \cdots, A_{B_m})$ ，在线性规划问题

$$
\begin{aligned}
\min\quad & cx, \\
\text{s.t.}\quad & Ax = b, \\
& x \geqslant 0
\end{aligned}
$$

中，我们将 A 中基 B 以外的列组成一个 $m \times (n-m)$ 阵 N ，称为 **非基阵** ， $N = (A_{N_1}, \cdots, A_{N_{n-m}})$. 变量 x 也相应地分成基变量 $x_B = (x_{B_1}, x_{B_2}, \cdots, x_{B_m})^{\mathrm{T}}$ 和非基变量 $x_N = (x_{N_1}, \cdots, x_{N_{n-m}})^{\mathrm{T}}$ ，目标函数中系数 c 也分成 $c_B = (c_{B_1}, c_{B_2}, \cdots, c_{B_m})$ 和 $c_N = (c_{N_1}, \cdots, c_{N_{n-m}})$. 这样上述线性规划问题可写成

$$
\begin{aligned}
\min\quad & z = c_B x_B + c_N x_N, \\
\text{s.t.}\quad & B x_B + N x_N = b, \\
& x \geqslant 0.
\end{aligned}
$$

(1) 最优解的检验. 由于 B 是非异阵, 所以 $x_B = B^{-1}b - B^{-1}Nx_N$, 将此代入目标函数

$$z = c_B(B^{-1}b - B^{-1}Nx_N) + c_Nx_N$$
$$= c_BB^{-1}b + (c_N - c_BB^{-1}N)x_N.$$

记 $\lambda = (\lambda_1, \lambda_2, \cdots, \lambda_n) = c - c_BB^{-1}A$, $Y_j = B^{-1}A_j = (y_{1j}, y_{2j}, \cdots, y_{mj})^{\mathrm{T}}$, 则 $\lambda_j = c_j - c_BY_j = c_j - \sum_{i=1}^{m} c_{B_i}y_{ij}$. 显然对应于基变量的 $\lambda_{B_i} = 0(i = 1, 2, \cdots, m)$. 因此对任意一个可行解 x 所对应的目标值为 $z = c_BB^{-1}b + \sum_{j=1}^{n-m} \lambda_{N_j}x_{N_j}$.

当非基变量 $x_N = 0$, $x_B = B^{-1}b = (\bar{b}_{B_1}, \bar{b}_{B_2}, \cdots, \bar{b}_{B_m})^{\mathrm{T}} \geqslant 0$ 时, 得到基可行解, 不妨记作 $\begin{pmatrix} B^{-1}b \\ 0 \end{pmatrix}$, 它所对应的目标值为 $z = c_BB^{-1}b$.

当 $\lambda_{N_j} > 0$, x_{N_j} 增大时, 目标函数值增大; 故当 $\lambda \geqslant 0$ 时, 非基变量取值全为 0 时, 目标函数值最小, 相应的基可行解是最优解, 目标函数最优值为 $c_BB^{-1}b$.

但若存在某个 $\lambda_k < 0$, 则当 x_k 增大时, 目标函数值会减少, 相应的基可行解不是最优解. 因此根据 λ 的特点, 我们称它为 **检验数**. 由以上的分析得定理 1.4.

定理 1.4 线性规划 (LP) 问题的基可行解 $\begin{pmatrix} B^{-1}b \\ 0 \end{pmatrix}$ 为最优解, 当且仅当检验数 $\lambda = c - c_BB^{-1}A \geqslant 0$.

(2) 基可行解的转换. 先给一个定义, 某个基可行解中, 基变量的取值全为正值时称此解为 **非退化的**, 否则为退化的. 我们先考虑所遇到的基可行解都是非退化的, 退化情形后面再讨论.

当检验数 λ 中有某个 $\lambda_k < 0$, 则 x_k 越大, 目标函数值越小. x_k 是否可无限增大呢? 在 x_k 增大的过程中, 我们要保证所得到的解仍为可行解, 因为此时其余的非基变量仍为 0, 我们只需考虑相应基变量的变化. 由 $x_B = B^{-1}b - B^{-1}Nx_N$, 只需考虑 $x_{B_i} = \bar{b}_i - y_{ik}x_k(i = 1, 2, \cdots, m)$. 若 $Y_k \leqslant 0$, 当 x_k 取任何正值时, 得到的新解 $x_{B_i} \geqslant 0(i = 1, 2, \cdots, m)$ 均是可行解, 故 x_k 可无限增大. 因此目标函数值无限减小, 没有下界, 原线性规划问题无最优解.

定理 1.5 设 $x = \begin{pmatrix} B^{-1}b \\ 0 \end{pmatrix}$ 是线性规划 (LP) 问题的某个基可行解, 若检验数中某个分量 $\lambda_k < 0$, 且对应的 $Y_k \leqslant 0$, 则线性规划 (LP) 问题目标函数值无下界. 否则, 为保证 $x_i \geqslant 0$, 取 $\theta = \min\left\{\dfrac{\bar{b}_i}{y_{ik}}|y_{ik} > 0\right\} = \dfrac{\bar{b}_r}{y_{rk}}$, 当 $x_k = \theta$ 时, $x_{B_r} = 0$, 原基可行解中基变量 x_{B_r} 的值由 $\bar{b}_r$ 变为 0, 非基变量 x_k 的值由 0 变为 θ, 由非退化的假设, 其余基变量的值由 $x_{B_i} = \bar{b}_i - y_{ik}\theta$ 决定, 均为非负数, 其余非基变量的值仍为 0.

下面证明这是一个新的基可行解，只要证明非零分量对应的列向量线性无关．由 B 非异得 $A_{B_1}, A_{B_2}, \cdots, A_{B_r}, \cdots, A_{B_m}$ 线性无关，由 $Y_k = B^{-1}A_k$ 得 $BY_k = A_k$，即 $y_{1k}A_{B_1} + \cdots + y_{rk}A_{B_r} + \cdots + y_{mk}A_{B_m} = A_k$．因为 $y_{rk} > 0$，则 $y_{rk} \neq 0$，A_{B_r} 可由 $A_{B_1}, \ldots, A_{B_{r-1}}, A_k, A_{B_{r+1}}, \cdots, A_m$ 线性表示，则 $A_{B_1}, \cdots, A_{B_{r-1}}, A_{B_r}, A_{B_{r+1}}, \cdots, A_m$ 和 $A_{B_1}, \cdots, A_{B_{r-1}}, A_k, A_{B_{r+1}}, \cdots, A_m$ 这两个向量组可互相线性表示，所以 $A_{B_1}, \cdots, A_{B_{r-1}}, A_k, A_{B_{r+1}}, \cdots, A_m$ 线性无关．这个新的基可行解由原基可行解中将基变量 x_{B_r} 换成 x_k 得到，与原基可行解相邻．这个过程我们称 x_k 进基，x_{B_r} 离基，新的目标函数值为 $c_B B^{-1}b + \lambda_k \theta$．由非退化假设，$\lambda_k < 0, \theta > 0$，故目标函数值严格下降．重复这两个步骤，有限步以后一定能找到最优解．

定理 1.6　设 $x = \begin{pmatrix} B^{-1}b \\ 0 \end{pmatrix}$ 是线性规划 (LP) 问题的某个基可行解，若检验数中某个分量 $\lambda_k < 0$, $\theta = \min\left\{ \dfrac{\bar{b}_i}{y_{ik}} \Big| y_{ik} > 0 \right\}$ 存在，则

(1) 由 $x_{B_i} = \bar{b}_i - y_{ik}\theta, x_k = \theta$，其余非基变量仍为 0 得到的解为基可行解；

(2) 相应于新解的目标函数值下降 $-\lambda_k \theta$．

二、线性规划单纯形解法的表格形式

为了计算方便，我们将这个求解过程在表格上直观地表示出来，称之为 **单纯形表**，该表格形式如表 1.6．

表 1.6

		x_1	x_2	$\cdots$	x_m	x_{m+1}	$\cdots$	x_n	
基	x_1	1	0	$\cdots$	0	$y_{1,m+1}$	$\cdots$	$y_{1,n}$	$\bar{b}_1$
变	x_2	0	1	$\cdots$	0	$y_{2,m+1}$	$\cdots$	$y_{2,n}$	$\bar{b}_2$
量	$\vdots$	$\vdots$	$\vdots$		$\vdots$	$\vdots$		$\vdots$	$\vdots$
	x_m	0	0	$\cdots$	1	$y_{m,m+1}$	$\cdots$	$y_{m,n}$	$\bar{b}_n$
检验数		0	0	$\cdots$	0	λ_{m+1}	$\cdots$	λ_n	

这个表实际上就是矩阵

$$\begin{pmatrix} B^{-1}A & B^{-1}b \\ c - c_B B^{-1}A & -c_B B^{-1}b \end{pmatrix}.$$

如何得到这个单纯形表呢？它可由初等行变换将矩阵

$$\begin{pmatrix} B & N & b \\ c_B & c_N & 0 \end{pmatrix}$$

中 $\begin{pmatrix} B \\ c_B \end{pmatrix}$ 化成矩阵 $\begin{pmatrix} I \\ 0 \end{pmatrix}$. 这相当于左乘了 $\begin{pmatrix} B^{-1} & 0 \\ -c_B B^{-1} & 1 \end{pmatrix}$. 则 $\begin{pmatrix} N & b \\ c_N & 0 \end{pmatrix}$ 化成

$$\begin{pmatrix} B^{-1}N & B^{-1}b \\ c_N - c_B B^{-1}N & -c_B B^{-1}b \end{pmatrix},$$

得到所要的单纯形表. 因而在计算过程中, 只要将 A 中基变量对应的列组成的子矩阵通过行变换化成单位阵, 基变量对应的检验数化成零即可. 表中 $-c_B B^{-1}b$ 也可省去不写.

找第一个初始基可行解有一定困难, 我们先只考虑如下形式的线性规划

$$\min \quad cx,$$
$$\text{s.t.} \quad Ax \leqslant b,$$
$$x \geqslant 0.$$

这种形式的线性规划标准化后, 松弛变量在约束矩阵中的列组成一个单位阵. 我们就用这个单位矩阵作基阵, 松弛变量是基变量, 这是一个基可行解, 目标函数值为 0, 相应的初始单纯形表为 $\begin{pmatrix} A & I & b \\ c & 0 & 0 \end{pmatrix}$.

下面我们通过一个实例来展示单纯形表解线性规划问题的一般步骤.

例 1.7 用单纯形法求解下列线性规划

$$(\text{LP})\max \quad z = 40x_1 + 45x_2 + 24x_3,$$
$$\text{s.t.} \quad 2x_1 + 3x_2 + x_3 \leqslant 100,$$
$$3x_1 + 3x_2 + 2x_3 \leqslant 120,$$
$$x_1, x_2, x_3 \geqslant 0.$$

解 第一步, 先将原问题化为标准形式

$$\min \quad z = -40x_1 - 45x_2 - 24x_3,$$
$$\text{s.t.} \quad 2x_1 + 3x_2 + x_3 + x_4 = 100,$$
$$3x_1 + 3x_2 + 2x_3 + x_5 = 120,$$
$$x_1, x_2, x_3, x_4, x_5 \geqslant 0.$$

第二步, 列出初始单纯形表 (表 1.7).

表 1.7

	x_1	x_2	x_3	x_4	x_5	
x_4	2	3*	1	1	0	100
x_5	3	3	2	0	1	120
	-40	-45	-24	0	0	0

此时，基可行解为 $(0,0,0,100,120)^{\mathrm{T}}$，目标函数值为 0.

第三步，检查检验数. 此时均小于零，该基可行解不是最优解，要进行基的转换. 当小于零的检验数不止一个时，理论上可任选一个检验数小于零的非基变量为进基变量，一般选取检验数最小的一个为进基变量，迭代常常会快一些. 我们选 x_2 进基，则 $\theta = \min\left\{\dfrac{100}{3}, \dfrac{120}{3}\right\} = \dfrac{100}{3}$，$x_4$ 为离基变量，于是新的基变量为 x_2 和 x_5. 如何从原来的表转到新的基相应的单纯形表呢？由刚才讨论知，只要把 A 中 x_2, x_5 相应的列向量通过初等行变换化成单位阵即可，则上表中只要把 x_2 对应的列 $\begin{pmatrix} 3 \\ 3 \end{pmatrix}$ 化成 $\begin{pmatrix} 1 \\ 0 \end{pmatrix}$. 我们称基变量 x_4 所在行和非基变量 x_2 所在列相交元素为**变换轴心**，用加 * 表示. 现在此数为 3，它所在行除以加 * 数 3，然后再将该行乘以（ −1 ）加到第二行；乘以 15 加到第三行得一个新的单纯行表 (表 1.8).

表 1.8

	x_1	x_2	x_3	x_4	x_5	
x_2	$\frac{2}{3}$	1	$\frac{1}{3}$	$\frac{1}{3}$	0	$\frac{100}{3}$
x_5	1*	0	1	−1	1	20
	−10	0	−9	15	0	

这样我们作了一次转换，新的基可行解 (表 1.9) 为 $\left(0, \dfrac{100}{3}, 0, 0, 20\right)^{\mathrm{T}}$.

表 1.9

	x_1	x_2	x_3	x_4	x_5	
x_2	0	1	$-\frac{1}{3}$	1	$-\frac{2}{3}$	20
x_1	1	0	1	−1	1	20
	0	0	1	5	10	

第四步，现在 $\lambda_1 = -10$，$\lambda_3 = -9$ 均小于零，仍不是最优解，取 x_1 进基

$$\theta = \min\left\{ \dfrac{\frac{100}{3}}{\frac{2}{3}}, \dfrac{20}{1} \right\} = \dfrac{20}{1},$$

x_5 离基.

现在所有检验数均大于等于零, 这个基可行解 $(20, 20, 0, 0, 0)^T$ 是最优解, 原问题最优值为 $40 \times 20 + 45 \times 20 = 1700$. 以后, 求 λ_k 与 x_r 的过程将不写出. 这些表就可连在一起.

三、退化情形的处理

对于非退化的线性规划问题, 因为每次迭代都能使目标函数值有所改进, 经过有限次迭代一定能求得最优解或判定问题无最优解. 对于退化的线性规划问题, 可以照常使用单纯形法, 有时也能得到最优解或判定问题无解, 但由于退化问题的目标函数值在迭代过程中可能没有改进, 有时会出现经过若干步后又回到原来出现过的基, 即发生基的循环. 下面给出这样一个例子.

例 1.8 用单纯形法求解下列线性规划

$$\min \quad z = -\frac{3}{4}x_1 + 20x_2 - \frac{1}{2}x_3 + 6x_4,$$

$$\text{s.t.} \quad \frac{1}{4}x_1 - 8x_2 - x_3 + 9x_4 + x_5 = 0,$$

$$\frac{1}{2}x_1 - 12x_2 - \frac{1}{2}x_3 + 3x_4 + x_6 = 0,$$

$$x_3 + x_7 = 1,$$

$$x_1, x_2, x_3, x_4, x_5, x_6, x_7 \geqslant 0.$$

解 表 1.10 给出该线性规划模型的单纯形表格.

表 1.10

	x_1	x_2	x_3	x_4	x_5	x_6	x_7	
x_5	$\frac{1}{4}^*$	-8	-1	9	1	0	0	0
x_6	$\frac{1}{2}$	-12	$-\frac{1}{2}$	3	0	1	0	0
x_7	0	0	1	0	0	0	1	1
	$-\frac{3}{4}$	20	$-\frac{1}{2}$	6	0	0	0	0
x_1	1	-32	-4	36	4	0	0	0
x_6	0	4^*	$\frac{3}{2}$	-15	-2	1	0	0
x_7	0	0	1	0	0	0	1	1
	0	-4	$-\frac{7}{2}$	33	3	0	0	0
x_1	1	0	8^*	-84	-12	8	0	0
x_2	0	1	$\frac{3}{8}$	$-\frac{15}{4}$	$-\frac{1}{2}$	$\frac{1}{4}$	0	0
x_7	0	0	1	0	0	0	1	1

续表

		0	0	-2	18	1	1	0	0
x_3	$\frac{1}{8}$	0	1	$-\frac{21}{2}$	$-\frac{3}{2}$	1	0	0
x_2	$-\frac{3}{64}$	1	0	$\frac{3}{16}^*$	$\frac{1}{16}$	$-\frac{1}{8}$	0	0
x_7	$-\frac{1}{8}$	0	0	$\frac{21}{2}$	$\frac{3}{2}$	-1	1	1
	$\frac{1}{4}$	0	0	-3	-2	3	0	0
x_3	$-\frac{5}{2}$	56	1	0	2^*	-6	0	0
x_4	$-\frac{1}{4}$	$\frac{16}{3}$	0	1	$\frac{1}{3}$	$-\frac{2}{3}$	0	0
x_7	$\frac{5}{2}$	-56	0	0	-2	6	1	1
	$-\frac{1}{2}$	16	0	0	-1	1	0	0
x_5	$-\frac{5}{4}$	28	$\frac{1}{2}$	0	1	-3	0	0
x_4'	$\frac{1}{6}$	-4	$-\frac{1}{6}$	1	0	$\frac{1}{3}^*$	0	0
x_7	0	0	1	0	0	0	1	1
	$-\frac{7}{4}$	44	$\frac{1}{2}$	0	0	-2	0	0
x_5	$\frac{1}{4}$	-8	-1	9	1	0	0	0
x_6	$\frac{1}{2}$	-12	$-\frac{1}{2}$	3	0	1	0	0
x_7	0	0	1	0	0	0	1	1
	$-\frac{3}{4}$	20	$-\frac{1}{2}$	6	0	0	0	0

又回到了第一个基解, 因此我们需要防止循环的方法. 我们介绍勃兰德 (Bland) 提出的方法.

在进行单纯形法迭代时, 按下面两条法则确定进基变量和离基变量.

法则 (1)　当有多个检验数是负数时, 选对应变量中下标最小的为进基变量, 由

$$\min\{j|\lambda_j < 0\} = k,$$

确定 x_k 为进基变量.

法则 (2)　如果有几个 $\frac{\bar{b}_l}{y_{lk}}(y_{lk} > 0)$ 同时达到最小, 选对应基变量中下标最小者

为离基变量. 设基变量为 $\{x_{B_1}, x_{B_2}, \cdots, x_{B_m}\}$ ，由 $\min\left\{B_l \Big| \dfrac{\bar{b}_l}{y_{lk}} = \min\left\{\dfrac{\bar{b}_i}{y_{ik}} \Big| y_{ik} > 0\right\}\right\}$ $= r$ ，确定 x_r 离基.

定理 1.7 用单纯形法求解线性规划问题时，按勃兰德法则确定进基变量和离基变量，不会出现基解的循环.

*证 用反证法. 用 S^i 和 R^i 分别表示迭代的第 i 阶段的基变量与非基变量的下标集合. 假设出现了循环，我们用

$$(S^0, R^0) \to (S^1, R^1) \to (S^2, R^2) \to \cdots \to (S^t, R^t) \to (S^0, R^0)$$

表示这个循环过程，即从以 S^0，R^0 为基变量和非基变量下标集的可行基开始，经过 $t+1$ 次迭代，又回到了原来的可行基解，下面来导出矛盾.

首先下面两个结论是显然的：

(1) 在这个循环过程中，目标函数值始终不变. 因为每一次迭代后，目标函数值不会上升，现在迭代一圈后又回到原来的可行基，故每次迭代后目标函数值也没有下降. 我们用 z^0 表示循环过程中的目标函数值.

(2) 在这个循环过程中，出现的基可行解实际上是一样的. 因为每次迭代时 $\lambda_k < 0$，目标函数值不变时必须有 $\theta = 0$，因此基可行解实际上没有变化.

用 T 表示在这个循环过程中，由非基变量转换成基变量的下标集合. 即若 $i \in T$，则 x_i 一定在循环过程中的某次迭代中由非基变量变成基变量. 因为这个过程是循环的，一定在另一次迭代过程中由基变量变成非基变量（这两次迭代，先进行哪个均可能）. 由第二个结论我们有若 $i \in T$，在循环过程中 $x_i = 0$.

取 $g = \max\{j | j \in T\}$，即 g 是 T 中最大值.

设 x_g 在第 u 次迭代中由非基变量变成基变量. 设第 u 次的基阵为 B_u，记

$$Y_j^u = B_u^{-1} A_j = (y_{1j}^u, y_{2j}^u, \cdots, y_{mj}^u)^{\mathrm{T}},$$
$$\lambda^u = c - c_{Bu} B_u^{-1} A = (\lambda_1^u, \lambda_2^u, \cdots, \lambda_n^u),$$
$$B_u^{-1} b = (\bar{b}_1^u, \bar{b}_2^u, \cdots, \bar{b}_m^u)^{\mathrm{T}}.$$

则我们有

$$\begin{cases} x_{B_i} = \bar{b}_i^u - \sum_{j \in R^u} y_{ij}^u x_j, & B_i \in S^u, \\ x_i \geqslant 0, & i = 1, \cdots, n, \\ z = z^0 + \sum_{j \in R^u} \lambda_j^u x_j. \end{cases}$$

显然 $\lambda_g^u < 0$，由于在迭代时遵循法则（1），在所有 $\lambda_j^u < 0$ 中，g 的指标最小，所以对 $j \in T$ 有 $j < g$，则 $\lambda_j^u \geqslant 0$.

又假设 x_g 在第 v 次迭代时由基变量变成非基变量，在这次迭代时 x_k 由非基变量变成基变量，设 x_g 在基变量中第 r 个位置，类似于上面表示我们有

$$\begin{cases} x_{B_i} = \bar{b}_i^v - \sum_{j \in R^v} y_{ij}^v x_j, & B_i \in S^v, \\ x_i \geqslant 0, & i = 1, \cdots, n, \end{cases}$$
$$z = z^0 + \sum_{j \in R^v} \lambda_j^v x_j.$$

在这组等式的非基变量中，令 $\bar{x}_k = -1$，其余 $\bar{x}_j = 0, j \in R^v - \{k\}$，我们有

$$\bar{x}_{B_i} = \bar{b}_i^v + y_{ik}^v, \qquad B_i \in S^v - \{g\},$$
$$\bar{x}_g = \bar{b}_r^v + y_{rk}^v,$$
$$z = z^0 - \lambda_k^v.$$

注意这时得到的 $(\bar{x}_1, \bar{x}_2, \cdots, \bar{x}_n)^{\mathrm{T}}$ 不是可行解（不满足 $\bar{x}_i \geqslant 0$），但满足 $Ax = b$，因此代入 $z = z^0 + \sum_{j \in R^u} \lambda_j^u \bar{x}_j$ 中的值也是 $z^0 - \lambda_k^v$，即 $z^0 + \sum_{j \in R^u} \lambda_j^u \bar{x}_j = z^0 - \lambda_k^v$. 设 $(\tilde{x}_1, \tilde{x}_2, \cdots, \tilde{x}_n)^{\mathrm{T}}$ 是第 v 次迭代前的基可行解，代入 $z = z^0 + \sum_{j \in R^u} \lambda_j^u \tilde{x}_j$ 的值仍是 z^0. 记 $\Delta x_i = \bar{x}_i - \tilde{x}_i$，我们有

$$\sum_{j \in R^u} \lambda_j^u \Delta x_j = -\lambda_k^v > 0.$$

因此至少存在一个 $h \in R^u$，使 $\lambda_h^u \Delta x_h > 0$，下面证明这是不可能的，由此产生矛盾.

首先 $h \neq k$，因为 x_k 在第 v 次迭代由非基变量变成基变量，所以 $k \in T$，则 $k < g$. 因为 $\Delta x_k = \bar{x}_k - x_k = -1 - 0 = -1 < 0$，所以 $\lambda_k^u < 0$，这样由法则 (1) 在第 u 次迭代时，应该是 x_k 进基而不是 x_g 进基. 矛盾.

其次 $h \notin R^v - \{k\}$，因为当 $h \in R^v - \{k\}$ 时，$\Delta x_h = \bar{x}_h - x_h = 0 - 0 = 0$，$\lambda_h^u \Delta x_h > 0$ 也不成立，所以 $h \notin R^v$，则 $h \in S^v$. 由 $h \in R^u$ 知 x_h 在第 v 次迭代是基变量，第 u 次迭代是非基变量，所以 $h \in T$.

第三，$h \neq g$，因为 $\Delta x_g = y_{rk}^v$，而 y_{rk}^v 是第 v 次迭代的变换轴心，故 $y_{rk}^v > 0$，$\lambda_g^u < 0$，所以 $\lambda_g^u \Delta x_g < 0$.

现在假设 $h \in T$，且 $h < g$. 在循环过程中，$x_h = 0$，因为 $h \in S^v$，在第 v 次迭代中 x_h 为基变量，设在基变量中是第 q 个，则有 $\Delta x_h = y_{qk}^v$，要 $\lambda_h^u y_{qk}^v > 0$，λ_h^u 与 y_{qk}^v 应为同号. 若 $\lambda_h^u < 0$，则由迭代法则 (1) 在第 u 次迭代时，应选 x_h 为进基变量；若 $y_{qk}^v > 0$，则在第 v 次迭代时应选 x_h 为离基变量. 这两种情况都与前面假设矛盾，因此不存在 $h \in R^u$，使 $\lambda_h^u \Delta x_h > 0$，所以不可能发生基的循环.

我们证明了定理 1.7, 按法则在刚才例 1.8 中, 在表 1.8 中第五阶段时应选 x_1 进基, 则继续下去两步后得到最优解.

表 1.11

	x_1	x_2	x_3	x_4	x_5	x_6	x_7	
x_3	$-\dfrac{5}{2}$	56	1	0	2	-6	0	0
x_4	$-\dfrac{1}{4}$	$\dfrac{16}{3}$	0	1	$\dfrac{1}{3}$	$-\dfrac{2}{3}$	0	0
x_7	$\dfrac{5}{2}^{*}$	-56	0	0	-2	6	1	1
	$-\dfrac{1}{2}$	16	0	0	-1	1	0	
x_3	0	0	1	0	0	0	1	1
x_4	0	$-\dfrac{4}{15}$	0	1	$\dfrac{2}{15}^{*}$	$-\dfrac{1}{15}$	$\dfrac{1}{10}$	$\dfrac{1}{10}$
x_1	1	$-\dfrac{112}{5}$	0	0	$-\dfrac{4}{5}$	$\dfrac{12}{5}$	$\dfrac{2}{5}$	$\dfrac{2}{5}$
	0	$\dfrac{24}{5}$	0	0	$-\dfrac{7}{5}$	$\dfrac{11}{5}$	$\dfrac{1}{5}$	
x_3	0	0	1	0	0	0	1	1
x_5	0	-2	0	$\dfrac{15}{2}$	1	$-\dfrac{1}{2}$	$\dfrac{3}{4}$	$\dfrac{3}{4}$
x_1	1	-24	0	6	0	2	1	1
	0	2	0	$\dfrac{21}{2}$	0	$\dfrac{3}{2}$	$\dfrac{5}{4}$	

由表 1.11 可知最优解为 $\left(1,0,1,0,\dfrac{3}{4},0,0\right)$, 最优值为 $-\dfrac{5}{4}$.

勃兰德法则可以避免循环, 但一般说来, 用它求解线性规划问题收敛较慢. 故在遇到退化情况时, 再用勃兰德法则.

四、线性规划的两阶段法

下面解决如何求初始基可行解的问题.

当线性规划的约束矩阵为 $Ax \leqslant b$ 时, 引进松弛变量得 $\bar{A}\bar{x} = b$, 其中 $\bar{A} = (A, I)$, $\bar{x} = \begin{pmatrix} x \\ x' \end{pmatrix}$, x' 为松弛变量, 我们用 I 作为初始基矩阵.

在一般情况下, 很难凭观察得到可行基解, 甚至连有无可行基解都难以判定. 这一部分介绍求初始基可行解的两阶段法. 把解线性规划问题划分为两个阶段. 第一阶段求出原问题的一个基可行解或判断原问题可行域为空; 第二阶段在得到的基可行解基础上求解原问题.

第一阶段: 在原约束矩阵中人为地增加一些变量以便得到单位矩阵, 增加的变量称为 **人工变量**, 目标函数是人工变量之和. 例, 当约束条件是 $Ax = b(b \geqslant 0)$ 的形式, 而 A 中又不包括单位矩阵, 我们在每个方程后面加一个 "人工变量" 得到一个新的线性规划问题 LP 如下

$$\begin{aligned}
\min \quad & z = x_{n+1} + x_{n+2} + \cdots + x_{n+m}, \\
\text{s.t.} \quad & a_{11}x_1 + a_{12}x_2 + \cdots + a_{1n}x_n + x_{n+1} && = b_1, \\
& a_{21}x_1 + a_{22}x_2 + \cdots + a_{2n}x_n \quad + x_{n+2} && = b_2, \\
& \qquad\qquad\qquad\qquad \vdots \\
& a_{m1}x_1 + a_{m2}x_2 + \cdots + a_{mn}x_n \qquad\qquad + x_{n+m} && = b_m, \\
& x_i \geqslant 0 \qquad (i = 1, 2, \cdots, n+m).
\end{aligned}$$

当 A 中有一些单位向量时, 人工变量可少于 m 个, 目的是在新的约束矩阵中产生单位子方阵.

为书写方便, 我们记第一阶段的线性规划模型 LP_1 为

$$\begin{aligned}
(\mathrm{LP}_1) \min \quad & E_m x_\alpha, \\
\text{s.t.} \quad & Ax + I_m x_\alpha = b, \\
& x \geqslant 0, \ x_\alpha \geqslant 0.
\end{aligned}$$

其中 $E_m = (1, 1, \cdots, 1)$ 是分量全为 1 的行向量. 这里 $x_\alpha = (x_{n+1}, x_{n+2}, \cdots, x_{n+m})^{\mathrm{T}}$, I_m 是可行基. 又因为 $x_\alpha \geqslant 0$, 所以 LP_1 的目标函数 $E_m x_\alpha$ 有下界 0, 则此线性规划一定有最优解. 设 LP_1 的最优基解为 $x^0 = (x_1^0, x_2^0, \cdots, x_n^0, x_{n+1}^0, \cdots, x_{n+m}^0)^{\mathrm{T}}$, 有以下三种可能情形:

(1) 在 x^0 中, 人工变量 $x_{n+1}, x_{n+2}, \cdots, x_{n+m}$ 都是非基变量, 此时目标函数值为 0, x^0 的前 n 个分量 $(x_1^0, x_2^0, \cdots, x_n^0)^{\mathrm{T}}$ 是原线性规划问题的一个基可行解.

(2) 在 x^0 中, 某些人工变量是基变量, 且目标函数值大于零. 此时原线性规划可行域为空集. 否则, 若原规划有可行解 $(x_1^*, x_2^*, \cdots, x_n^*)^{\mathrm{T}}$, 则 $(x_1^*, x_2^*, \cdots, x_n^*, 0, \cdots, 0)^{\mathrm{T}}$ 是 LP_1 的可行解, 所以目标函数值为 0, 与最优值大于零矛盾. 当出现该情况时, 就不要进行第二阶段, 原线性规划问题无解.

(3) 在 x^0 中, 包括某些人工变量是基变量, 但函数值 $z = 0$, 此时为基变量的人工变量也必然取值为 0. 设 x_{n+t} 是基变量, 在单纯形表中对应第 s 行, 则方程为

$$x_{n+t} + \sum_{j \in J} y_{sj} x_j + \sum_{l \in L} y_{sl} x_l = 0,$$

这里 L 是人工变量中非基变量下标集, J 是非人工变量中非基变量下标集.

如果所有 $y_{sj} = 0 \, (j \in J)$, 即在 s 行中非人工变量的系数全为零, 这说明在 $Ax = b$ 中, 第 s 行是其余行的线性组合, 这个约束是多余的, 应当删去.

如果存在 $y_{sk} \neq 0 \, (k \in J)$, 则无论 y_{sk} 是正还是负, 以它为变换轴心, x_k 进基, x_{n+t} 离基. 如果新表中的基变量中还有人工变量, 重复以上步骤, 有限次后可得到 (1) 的情形.

第二阶段: 在第一阶段的 (1) 求得 $\mathrm{LP_1}$ 的最优基可行解的前提下, 将该最优单纯形表中的人工变量所对应的列均删去, 将基变量的目标函数中的系数值换成原问题中该变量的目标函数中的系数值, 重新计算检验数, 这样就得到了第二阶段的初始单纯形表.

下面给出一个用两阶段法求解线性规划问题的完整例子.

例 1.9 求解下列线性规划

$$\begin{aligned}
\min \quad & z = x_1 - 2x_2, \\
\text{s.t.} \quad & x_1 + x_2 \geqslant 2, \\
& -x_1 + x_2 \geqslant 1, \\
& x_2 \leqslant 3, \\
& x_1, x_2 \geqslant 0.
\end{aligned}$$

解 先将原线性规划化为标准形

$$\begin{aligned}
\min \quad & z = x_1 - 2x_2, \\
\text{s.t.} \quad & x_1 + x_2 - x_3 = 2, \\
& -x_1 + x_2 - x_4 = 1, \\
& x_2 + x_5 = 3, \\
& x_1, x_2, x_3, x_4, x_5 \geqslant 0.
\end{aligned}$$

因为 A 中 x_5 对应单位向量 $(0,0,1)^{\mathrm{T}}$, 故只要引进两个人工变量 x_6, x_7 即可, 于是得第一阶段线性规划 $\mathrm{LP_1}$

$$\begin{aligned}
\min \quad & z = x_6 + x_7, \\
\text{s.t.} \quad & x_1 + x_2 - x_3 + x_6 = 2, \\
& -x_1 + x_2 - x_4 + x_7 = 1, \\
& x_2 + x_5 = 3, \\
& x_1, x_2, \cdots, x_7 \geqslant 0.
\end{aligned}$$

在计算检验数时, 可直接用 $c_j - c_B B^{-1} A_j$ 计算 λ_j, 也可先在最后一行放 $\mathrm{LP_1}$ 的 c, 再用行变换使基变量的检验数为零即可 (表 1.12).

表 1.12

	x_1	x_2	x_3	x_4	x_5	x_6	x_7	
x_6	1	1	-1	0	0	1	0	2
x_7	-1	1	0	-1	0	0	1	1
x_5	0	1	0	0	1	0	0	3
	0	0	0	0	0	1	1	
x_6	1	1	-1	0	0	1	0	2
x_7	-1	1^*	0	-1	0	0	1	1
x_5	0	1	0	0	1	0	0	3
	0	-2	1	1	0	0	0	
x_6	2^*	0	-1	1	0	1	-1	1
x_2	-1	1	0	-1	0	0	1	1
x_5	1	0	0	1	1	0	-1	2
	-2	0	1	-1	0	0	2	
x_1	1	0	$-\dfrac{1}{2}$	$\dfrac{1}{2}$	0	$\dfrac{1}{2}$	$-\dfrac{1}{2}$	$\dfrac{1}{2}$
x_2	0	1	$-\dfrac{1}{2}$	$-\dfrac{1}{2}$	0	$\dfrac{1}{2}$	$\dfrac{1}{2}$	$\dfrac{3}{2}$
x_5	0	0	$\dfrac{1}{2}$	$\dfrac{1}{2}$	1	$-\dfrac{1}{2}$	$-\dfrac{1}{2}$	$\dfrac{3}{2}$
	0	0	0	0	0	1	1	

得到第一阶段的最优解，人工变量不是基变量，最优值为 0(此表中从第一个表到第二个表没有作变量代换，而是将第一个表格的第二、三行均乘上（-1），然后加到检验数行，使对应于 x_6, x_7 的检验数为 0，从而得到所有变量的检验数).

去掉 x_6, x_7 所在两列就是原问题基可行解，只需改变目标函数的系数. 下面开始第二阶段，将第二阶段的 c 放在最后一行，然后用行变换将基变量对应的检验数消为零，也可直接用 $c_j - c_B B^{-1} A_j$ 计算. 注意 $B^{-1} A_j = Y_j$ 已列在表 1.12 的最后一个表格中 (x_j 对应的列就是 Y_j). 故只需将 c 放在第一行，左侧基变量 x_{B_i} 左边写上对应的目标函数中的系数 c_{B_i}，用 c_j 减去最左侧列与 Y_j 对应分量相乘再相加之和（即为 c_j 减去两个向量的内积）即可. 于是得表 1.13.

表 1.13

		x_1	x_2	x_3	x_4	x_5	
c_D	x_D	1	-2	0	0	0	
1	x_1	1	0	$-\dfrac{1}{2}$	$\dfrac{1}{2}^*$	0	$\dfrac{1}{2}$
-2	x_2	0	1	$-\dfrac{1}{2}$	$-\dfrac{1}{2}$	0	$\dfrac{3}{2}$
0	x_5	0	0	$\dfrac{1}{2}$	$\dfrac{1}{2}$	1	$\dfrac{3}{2}$
		0	0	$-\dfrac{1}{2}$	$-\dfrac{3}{2}$	0	
	x_4	2	0	-1	1	0	1
	x_2	1	1	-1	0	0	2
	x_5	-1	0	1^*	0	1	1
		3	0	-2	0	0	
	x_4	1	0	0	1	1	2
	x_2	0	1	0	0	1	3
	x_3	-1	0	1	0	1	1
		1	0	0	0	2	

现在检验数全大于等于零, 得到原问题最优解 $x^* = (0,3)^{\mathrm{T}}$, 最优值 -6.

用图 1.7 来直观地反映两阶段的迭代过程. 第一阶段从原问题的不可行点 $(0,0)$ 开始移动, 经过不可行点 $(0,1)$, 最后到达可行点 $\left(\dfrac{1}{2},\dfrac{3}{2}\right)$；第二阶段, 从极点 $\left(\dfrac{1}{2},\dfrac{3}{2}\right)$ 开始移动, 经过可行点 $(0,2)$, 最后到达最优点 $(0,3)$.

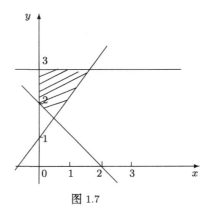

图 1.7

例 1.10 求解下列线性规划

$$\min \quad z = -3x_1 + 4x_2,$$
$$\text{s.t.} \quad x_1 + x_2 \leqslant 4,$$
$$2x_1 + 3x_2 \geqslant 18,$$
$$x_1, x_2 \geqslant 0.$$

解 将原线性规划化为标准形

$$\min \quad z = -3x_1 + 4x_2,$$
$$\text{s.t.} \quad x_1 + x_2 + x_3 = 4,$$
$$2x_1 + 3x_2 - x_4 = 18,$$
$$x_1, x_2, x_3, x_4 \geqslant 0.$$

得到第一阶段线性规划

$$\min \quad z = x_5,$$
$$\text{s.t.} \quad x_1 + x_2 + x_3 = 4,$$
$$2x_1 + 3x_2 - x_4 + x_5 = 18,$$
$$x_1, x_2, x_3, x_4, x_5 \geqslant 0.$$

用公式 $\lambda_j = c_j - c_B B^{-1} p_j$ 来计算检验数, 得表 1.14.

表 1.14

		x_1	x_2	x_3	x_4	x_5	
	c	0	0	0	0	1	
0	x_3	1	1*	1	0	0	4
1	x_5	2	3	0	-1	1	18
	λ	-2	-3	0	1	0	
	x_2	1	1	1	0	0	4
	x_5	-1	0	-3	-1	1	6
		1	0	3	1	0	

得到第一阶段最优解, 但人工变量仍留在基里, $x_5 = 6$, 最优值 $z = 6 > 0$, 故原问题可行域为空.

五、无穷多解时单纯形表格的特征

在用图解法求线性规划模型的解时, 我们知道线性规划的解有如下四种形式:

当线性规划无最优解时：①可行域为空集，即在两阶段法中，当第一阶段最优值大于 0 时，原问题无可行解；②目标函数无下界，在单纯形表格中的特征是：在迭代过程中出现某个 $\lambda_k < 0$，y_{ik} 全小于等于零 $(i = 1, \cdots, m)$，目标函数值无下界.

当线性规划有最优解时：①有惟一最优解，即在最优单纯形表格中，所有非基变量检验数均大于零；②有无穷多解. 这时在最优单纯形表中，有某个非基变量检验数为 0. 在这种情况下，我们可以通过基的转化，得一个新的基解，仍是最优基解. 下面我们看两个有无穷多最优解的例子.

例 1.11 求解下列线性规划

$$\begin{aligned} \max \quad & z = x_1 + x_2, \\ \text{s.t.} \quad & 2x_1 + x_2 \leqslant 8, \\ & 2x_1 + 5x_2 \leqslant 20, \\ & x_1 + x_2 \leqslant 5, \\ & x_1, x_2 \geqslant 0. \end{aligned}$$

解 将原问题化为标准形

$$\begin{aligned} \min \quad & -z = -x_1 - x_2, \\ \text{s.t.} \quad & 2x_1 + x_2 + x_3 = 8, \\ & 2x_1 + 5x_2 + x_4 = 20, \\ & x_1 + x_2 + x_5 = 5, \\ & x_1, x_2, x_3, x_4, x_5 \geqslant 0. \end{aligned}$$

利用单纯形表求解过程如表 1.15.

此时所有检验数全大于等于零，得到最优解 $(3, 2, 0, 4, 0)^{\mathrm{T}}$，原问题最优值为 5. 此时非基变量 x_3 的检验数为 0，故 x_3 可进基，x_4 离基，得到表 1.16.

这又是一个新的基可行解，最优解 $\left(\dfrac{5}{3}, \dfrac{10}{3}, \dfrac{4}{3}, 0, 0\right)^{\mathrm{T}}$，这两点连线上所有点均为最优解. 即

$$\lambda \begin{pmatrix} 3 \\ 2 \\ 0 \\ 4 \\ 0 \end{pmatrix} + (1 - \lambda) \begin{pmatrix} \dfrac{5}{3} \\ \dfrac{10}{3} \\ \dfrac{4}{3} \\ 0 \\ 0 \end{pmatrix}$$

为最优解 ($0 \leqslant \lambda \leqslant 1$).

表 1.15

	x_1	x_2	x_3	x_4	x_5	
x_3	2*	1	1	0	0	8
x_4	2	5	0	1	0	20
x_5	1	1	0	0	1	5
	-1	-1	0	0	0	0
x_1	1	$\dfrac{1}{2}$	$\dfrac{1}{2}$	0	0	4
x_4	0	4	-1	1	0	12
x_5	0	$\dfrac{1}{2}$*	$-\dfrac{1}{2}$	0	1	1
	0	$-\dfrac{1}{2}$	$\dfrac{1}{2}$	0	0	
x_1	1	0	1	0	-1	3
x_4	0	0	3*	1	-8	4
x_2	0	1	-1	0	2	2
	0	0	0	0	1	

表 1.16

	x_1	x_2	x_3	x_4	x_5	
x_1	1	0	0	$-\dfrac{1}{3}$	$\dfrac{5}{3}$	$\dfrac{5}{3}$
x_3	0	0	1	$\dfrac{1}{3}$	$-\dfrac{8}{3}$	$\dfrac{4}{3}$
x_2	0	1	0	$\dfrac{1}{3}$	$-\dfrac{2}{3}$	$\dfrac{10}{3}$
	0	0	0	0	1	

原问题最优解为 $(x_1, x_2) = \left(\dfrac{5}{3} + \dfrac{4}{3}\lambda, \dfrac{10}{3} - \dfrac{4}{3}\lambda \right)$, 其中, $0 \leqslant \lambda \leqslant 1$, 最优值为 5.

例 1.12 求解下列线性规划

$$\begin{aligned}
\min \quad & z = x_1 - x_2, \\
\text{s.t.} \quad & -x_1 + x_2 \leqslant 2, \\
& x_1 - 4x_2 \leqslant 2, \\
& x_1, x_2 \geqslant 0.
\end{aligned}$$

解 将原规划化为标准形

$$\begin{aligned}
\min \quad & z = x_1 - x_2, \\
\text{s.t.} \quad & -x_1 + x_2 + x_3 = 2, \\
& x_1 - 4x_2 + x_4 = 2, \\
& x_1, x_2, x_3, x_4 \geqslant 0.
\end{aligned}$$

单纯形表格为表 1.17.

表 1.17

	x_1	x_2	x_3	x_4	
x_3	-1	1^*	1	0	2
x_4	1	-4	0	1	2
	1	-1	0	0	
x_2	-1	1	1	0	2
x_4	-3	0	-4	1	10
	0	0	1	0	

得最优解 $x^* = (0,2)^{\mathrm{T}}$ ，最优值 $z^* = -2$ ，非基变量 x_1 的检验数为 0 ，但 $Y_1 \leqslant 0$ ，故 x_1 可无限增大，此时最优值为 $z^* = -2$ ，最优解是 $(x_1^*, x_2^*) = (\lambda, 2+\lambda)$ ，其中 $\lambda \geqslant 0$. 该问题的最优解的几何特征作为本章的第三个思考题.

讨论、思考题

1．在单纯形表中，当有检验数小于零时，表明该基可行解不是最优解，要进行基的转换. 当小于零的检验数不止一个时，理论上可任选一个检验数小于零的非基变量为进基变量. 应选择哪一个变量进基，保证这次变换使得目标值下降最大？目标值能下降多少？

2．用两阶段法求解线性规划问题时，第二阶段如何简便地计算检验数？

3．试说明例 1.12 中最优解的几何特征.

参考文献

1 Bazaraa M S, Jarvis J J. Linear Programming and network flows. John Wiley & Sons, Inc. 1977

2　运筹学教材编写组. 运筹学 (修订版). 清华大学出版社, 1990

3　胡运权. 运筹学教程. 清华大学出版社, 1998

习　题

第 1 题到第 18 题只需列出线性规划模型, 不必求解.

1. 一个毛纺厂用羊毛和兔毛生产 A,B,C 三种混纺毛料, 生产 1 单位产品需要的原料如表 1 所示. 3 种产品的单位利润分别为 4, 1, 5. 每月可购进的原料限额为羊毛 8000 单位, 兔毛 3000 单位, 问此毛纺厂应如何安排生产能获得最大利润?

表 1

	A	B	C
羊毛	3	1	4
兔毛	2	1	4

2. 某饲料厂生产的一种饲料由 6 种配料混合配成. 每种配料中所含的营养成分 A、B 及单位配料购入价由表 2 给出. 每单位饲料中至少应含 9 单位的 A, 19 单位的 B. 问饲料厂如何配方, 使饲料成本最低且能满足要求?

表 2

	1	2	3	4	5	6
A	1	0	2	2	1	2
B	0	1	3	1	3	2
配料单价	35	30	60	50	27	12

3. 某厂生产 3 种产品 I, II, III. 每种产品要经过 A,B 两道工序加工. 设该厂有两种规格的设备能完成 A 工序, 它们以 A_1, A_2 表示; 有三种规格的设备能完成 B 工序, 它们以 B_1, B_2, B_3 表示. 产品 I 可在 A,B 任何一种规格设备上加工, 产品 II 可在任何规格的 A 设备上加工, 但完成 B 工序时, 只能在 B_1 设备上加工, 产品 III 只能在 A_2 与 B_2 设备上加工. 已知在各种机床设备的单件工时, 原材料费, 产品销售价格, 各种设备有效台时以及满负荷操作时机床设备的费用如表 3. 要求安排最优的生产计划, 使该厂利润最大.

表 3

设　备	产品 I	产品 II	产品 III	有效台时	满负荷设备费
A_1	5	10		6000	300
A_2	7	9	12	10000	321
B_1	6	8		4000	250
B_2	4		11	7000	783
B_3	7			4000	200
原料费 /(元 / 件)	0.25	0.35	0.50		
售价 /(元 / 件)	1.25	2.00	2.80		

4. 某产品的一个完整单位包括四个 A 零件和三个 B 零件. 这两种零件 (A 和 B) 由两种不同的原料制成, 而这两种原料可利用的数量分别是 100 单位和 200 单位. 三个车间进行生产, 而每个车间制造零件的方法各不相同. 表 4 给出每个生产班组的原料耗用量和每一种零件的产量. 目标是要确定每一个车间的生产班组数使得产品的配套数达到最大.

表 4

车间	每班进料		每班产量 / 个数	
	原料 1	原料 2	零件 A	零件 B
1	8	6	7	5
2	5	9	6	9
3	3	8	8	4

5. (包裹模型) 现要将一些不同类型的货物装上一艘货船, 这些货物的重量、体积、冷藏要求、可燃性指数以及价值不尽相同, 它们由表 5 给出.

表 5

货号	重量 / 磅 *	体积 / 米 ^{3}	冷藏要求	可燃性指数	价值
1	20	1	要	0.1	5
2	5	2	不要	0.2	10
3	10	4	不要	0.4	15
4	12	3	要	0.1	10
5	25	2	不要	0.3	25
6	50	5	不要	0.9	20

假定货船可以装载的重量为 40 万磅, 总体积为 5 万米 ^{3}, 可冷藏的总体积为 1 万米 ^{3}, 容许的可燃性指数的总和不能超过 750. 应如何装载货物才能取得最大的价值.

6. 设 A_1, A_2, A_3 三地各有某种纺织原料 90, 30, 70 吨, 需要调运给 B_1, B_2, B_3, B_4, B_5 五地, 后者各需 80, 10, 30, 50, 20 吨, 从 $A_i(i = 1, 2, 3)$ 到 $B_j(j = 1, 2, \cdots, 5)$ 的路程 (千米) 如表 6. 现要求设计一个调拨方案, 使总运输吨公里最少.

表 6

	B_1	B_2	B_3	B_4	B_5
A_1	130	286	240	523	153
A_2	64	220	74	457	309
A_3	71	85	181	464	43

7. (指派模型) 某产品装配线有四项工作需四个人去做. 人事部门经过考核审查, 确定出他们每个人做每一工作的相对生产率指数 (表 7). 假定每人做一件工作, 那么如何分派工作才是最佳方案.

---

*1 磅 =0.453592 千克.

表 7   相对生产率指数

人员 \ 工作	1	2	3	4
1	5	7	10	3
2	3	6	8	4
3	4	3	3	2
4	1	4	2	10

8. (存储模型) 某商店制订 7~12 月进货售货计划. 已知商店仓库容量不得超过 500 件, 6 月底已存货 200 件, 以后每月初进货一次, 假设各月份买进, 售出单价如表 8 所示, 问每月进货售货各多少, 才能使总收入最多.

表 8

月	7	8	9	10	11	12
买进 / 元	28	24	25	27	23	23
售出 / 元	29	24	26	28	22	25

9. 某工厂生产 A,B,C 三种产品, 在车间 1,2 连续加工所用原料每天只能供应 300 吨. 车间 1、2 每天可用工时分别为 320, 200 小时. 放置产品的成品仓库面积也有限制, 如只生产产品 A, 可放置 400 单位, 而每单位 B 的放置面积 2 倍于 A. 每单位 C 的放置面积为 A 的 1/3.

每单位 A 在车间 1 要加工 1 小时, 在车间 2 要加工 0.5 小时, 需 1 吨原料, 利润为 1000 元.

每单位 B 在车间 1 要加工 2 小时, 在车间 2 要加工 1/3 小时, 需 1/4 吨原料, 利润为 2000 元.

每单位 C 在车间 1 要加工 1/4 小时, 在车间 2 要加工 1/4 小时, 需 1/8 吨原料, 利润为 1500 元.

问如何安排生产使利润最大?

10. 某昼夜服务的公交线路每天各时间区段内所需司机和售票员数如表 9.

表 9

班次	1	2	3	4	5	6
时间	6~10	10~14	14~18	18~22	22~2	2~6
所需人数	60	70	60	50	20	30

设司机和售票员分别在各时间区段一开始时上班, 并连续工作 8 小时, 问至少配多少名司机和售票员.

11. 用长度为 7.4 米的圆钢截断成制造某种机床所需要的 3 个轴坯, 长度分别为 2.9 米, 2.1 米, 1.5 米, 现要制造 100 台机床. 试寻求最佳的截料方案使需圆钢最少.

12. 某石油公司设有四个炼油厂, 它们生产普通汽油的情况如表 10, 这些炼油厂为七个销售区服务, 其需求量如表 11, 从炼油厂 i 到销售区 j 每加仑汽油的平均运费如表 12 所示. 如何调拨, 使利润最大.

表 10

炼油厂	日产量 / 加仑 *	每加仑生产费用
1	350000	0.15
2	250000	0.12
3	150000	0.13
4	400000	0.14

表 11

销售区	每日最大销售量 / 加仑	每加仑批发价格
1	250000	0.25
2	300000	0.23
3	150000	0.21
4	350000	0.24
5	100000	0.20
6	200000	0.22
7	150000	0.23

表 12

炼油厂	销　售　区						
	1	2	3	4	5	6	7
1	0.06	0.05	0.02	0.06	0.03	0.06	0.03
2	0.03	0.07	0.05	0.08	0.06	0.09	0.02
3	0.04	0.08	0.06	0.05	0.05	0.08	0.05
4	0.07	0.04	0.04	0.07	0.04	0.07	0.04

13. 今运到两批木板, 需要锯成两种规格的木料, 其中一种木料长为 2 米, 另一种木料长为 1.25 米. 第一批木板共有 50 块, 每块长为 6.5 米; 第二批木板共有 200 块, 每块长为 4 米.

6.5 米长的木板可用下列方式锯开:

(1) 2 米长的三段;

(2) 2 米长的两段, 1.25 米长的一段;

(3) 2 米长的一段, 1.25 米长的三段;

(4) 1.25 米长的四段.

---

*1 加仑 =4.546092 升 (英),3.78543 升 (美).

4 米长的一块木板可用下列方式锯开:

(1) 2 米长的两段;

(2) 2 米长的一段, 1.25 米长的一段;

(3) 1.25 米长的三段.

两段两米和一段 1.25 米的木料组成一套, 应如何锯开这两批木板可使取得的木料的套数最多.

14. 某公司制造四种不同型号的电子计算器 C_1, C_2, C_3, C_4. 这四种计算器可以在五个不同的部门中制造, 每个计算器所需时间如表 13.

表 13

型号	所需时间 / 分				
	D_1	D_2	D_3	D_4	D_5
C_1	5	6	4	3	2
C_2	7	—	3	2	4
C_3	6	3	—	4	5
C_4	5	3	—	2	—

该公司销售人员已经规定:

(1) 型号 C_1 的生产数不能多于 1400 个;

(2) 必须满足对型号 C_2 的一批 300 个的订货, 但这一型号的生产数不能超过 800 个;

(3) 型号 C_3 的生产数不能超过 8000 个;

(4) 必须满足对型号 C_4 的一批 700 个的订货, 这一型号的产量无论超出此数多少, 都能卖出去.

该公司财会人员报告称:

(1) 型号 C_1 每个可得利润 25 元;

(2) 型号 C_2 每个可得利润 20 元;

(3) 型号 C_3 每个可得利润 17 元;

(4) 型号 C_4 每个可得利润 11 元.

这五个部门中用于生产的总时间分别为: 18000 、 15000 、 14000 、 12000 、 10000 分钟, 试求使总利润最大的生产方案.

15. 某农场有 100 公顷土地及 15000 元资金可用于发展生产. 农场劳动力情况为秋冬季 3500 人日, 春夏季 4000 人日, 如劳动力本身用不了时可外出干活, 春夏季收入为 2.1 元 / 人日, 秋冬季收入为 1.8 元 / 人日. 该农场种植三种作物: 大豆、玉米、小麦, 并饲养奶牛和鸡. 种作物时不需要专门投资, 而饲养动物时每头奶牛投资 400 元, 每只鸡投资 3 元. 养奶牛时每头需拨出 1.5 公顷土地饲草, 并占用人工秋冬季为 100 人日, 春夏季为 50 人日, 年净收入 400 元 / 每头奶牛. 养鸡时不占土地, 需人工为每只鸡秋冬季需 0.6 人日, 春夏季为 0.3 人日, 年净收入为 2 元 / 每只鸡. 农场现有鸡舍允许最多养 3000 只鸡, 牛栏允许最多养 32 头奶牛. 三种作物每年需要的人工及收入情况如表 14 所示. 试决定该农场的经营方案, 使年净收入为最大.

表 14

	大豆	玉米	麦子
秋冬季需人日数	20	35	10
春夏季需人日数	50	75	40
年净收入 /(元 / 公顷)	175	300	120

16. 对某厂 I, II, III三种产品下一年各季度的合同预订数如表 15 所示.

表 15

产品	季　　度			
	1	2	3	4
I	1500	1000	2000	1200
II	1500	1500	1200	1500
III	1000	2000	1500	2500

该三种产品 1 季度初无库存, 要求在 4 季度末各库存 150 件. 已知该厂每季度生产工时为 15000 小时, 生产 I, II, III产品每件分别需时 2,3,4 小时. 因更换工艺装备, 产品 I 在 2 季度无法生产. 规定当产品不能按期交货时, 产品 I, II 每件每迟交一个季度赔偿 20 元, 产品III赔偿 10 元; 又生产出来产品不在本季度交货的, 每件每季度的库存费为 5 元. 问该厂应如何安排生产, 使总的赔偿加库存的费用为最小.

17. 某公司有三项工作需分别招收技工和力工来完成. 第一项工作可由一个技工单独完成, 或由一个技工和两个力工组成的小组完成. 第二项工作可由一个技工或一个力工单独完成. 第三项工作可由五个力工组成的小组来完成, 或由一个技工领着三个力工来完成. 已知技工和力工每周工资分别为 100 元和 80 元, 他们每周都工作 48 小时, 但他们每人实际的有效工作小时数分别为 42 和 36. 为完成这三项工作任务, 该公司需要每周总有效工作小时数为: 第一项工作 10000 小时, 第二项工作 20000 小时, 第三项工作 30000 小时. 又能招收到的工人数为技工不超过 400 人, 力工不超过 800 人. 试建立数学模型, 确定招收技工和力工各多少人, 使总的工资支出为最少.

18. 某厂生产 I, II 两种食品, 现有 50 名熟练工人, 已知一名熟练工人每小时可生产 10 千克食品 I 或 6 千克食品 II. 据合同预订, 该两种食品每周的需求量将急剧上升, 见表 16. 为此该厂决定到第 8 周末需培训 50 名新工人, 两班生产. 已知一名工人每周工作 40 小时, 一名熟练工人用两周时间可培训出不多于三名新工人 (培训期间熟练工人和培训人员均不参加生产). 熟练工人每周工资 360 元, 新工人培训期间工资为每周 120 元, 培训结束参加工作后工资每周 240 元, 生产效率同熟练工人. 在培训的过渡期间, 很多熟练工人愿加班工作, 工厂决定安排部分工人每周工作 60 小时, 每周工资 540 元. 又若预订的食品不能按期交货, 每推迟交货一周的赔偿费为食品 I 每千克 0.50 元, 食品 II 每千克 0.60 元. 在上述各种条件下, 工厂应如何作出全面安排, 使各项费用的总和为最小.

表 16   (单位: 吨 / 周)

	1	2	3	4	5	6	7	8
I	10	10	12	12	16	16	20	20
II	6	7.2	8.4	10.8	10.8	12	12	12

19. 试将下列线性规划问题化为标准形, 并用向量形式给出

(1)

$$\min \quad z = x_1 - 2x_2 - 3x_3,$$
$$\text{s.t.} \quad 2x_1 + 2x_2 + x_3 \geqslant 4,$$
$$x_1 + x_2 \leqslant 6,$$
$$3x_1 - x_2 + 2x_3 \geqslant 2,$$
$$x_1, x_2 \geqslant 0, x_3 无限制.$$

(2)

$$\max \quad z = -3x_1 + 2x_2 - x_3 + 4x_4,$$
$$\text{s.t.} \quad x_1 + x_2 - 4x_3 + 2x_4 \geqslant 4,$$
$$3x_1 + x_2 - 2x_3 + x_4 \leqslant 6,$$
$$x_2 - x_4 = -1,$$
$$x_1 + x_2 - x_3 = 0,$$
$$x_3, x_4 \geqslant 0, x_1, x_2 无限制.$$

20. 试用图解法求下列线性规划的解.

(1)

$$\min \quad z = 15x_1 + 25x_2,$$
$$\text{s.t.} \quad x_1 + 3x_2 \geqslant 3,$$
$$x_1 + x_2 \geqslant 2,$$
$$x_1, x_2 \geqslant 0.$$

(2)

$$\max \quad z = 4x_1 + 3x_2,$$
$$\text{s.t.} \quad x_1 + x_2 \leqslant 50,$$
$$x_1 + 2x_2 \leqslant 80,$$
$$3x_1 + 2x_2 \leqslant 140,$$
$$x_1, x_2 \geqslant 0.$$

(3)

$$\max \quad z = x_1 + x_2,$$
$$\text{s.t.} \quad 2x_1 + x_2 \leqslant 1000,$$
$$10x_1 + 10x_2 \leqslant 6000,$$
$$2x_1 + 4x_2 \leqslant 2000,$$
$$x_1, x_2 \geqslant 0.$$

(4)

$$\max \quad z = 2x_1 + x_2,$$
$$\text{s.t.} \quad 3x_1 + 2x_2 \geqslant 50,$$
$$x_1 + x_2 \geqslant 20,$$
$$x_1 + 3x_2 \geqslant 38,$$
$$x_1, x_2 \geqslant 0.$$

(5)

$$\max \quad z = 5x_1 + 6x_2,$$
$$\text{s.t.} \quad 3x_1 + 4x_2 \leqslant 12,$$
$$5x_1 + 3x_2 \leqslant 15,$$
$$2x_1 + 3x_2 \geqslant 12,$$
$$x_1, x_2 \geqslant 0.$$

(6)

$$\max \quad z = -2x_1 + 3x_2,$$
$$\text{s.t.} \quad 2x_1 - x_2 \geqslant 2,$$
$$2x_1 + 3x_2 \leqslant 2,$$
$$x_1, x_2 \geqslant 0.$$

21. 已知线性规划问题

$$\max \quad z = x_1 + 3x_2,$$
$$\text{s.t.} \quad x_1 + x_3 = 5, \qquad (1)$$
$$x_1 + 2x_2 + x_4 = 10, \qquad (2)$$
$$x_2 + x_5 = 4, \qquad (3)$$
$$x_1, \cdots, x_5 \geqslant 0. \qquad (4)$$

表 17 中所列的解 (a)~(f) 均满足约束条件 (1)~(3), 试指出表中哪些解是可行解, 哪些解是基解, 哪些解是基可行解?

表 17

序号	x_1	x_2	x_3	x_4	x_5
(a)	2	4	3	0	0
(b)	10	0	−5	0	4
(c)	3	0	2	7	4
(d)	1	4.5	4	0	−0.5
(e)	0	2	5	6	2
(f)	0	4	5	2	0

22. 分别用图解法和单纯形法求解下列线性规划问题, 并对照指出单纯形法迭代的每一步相当于图解法可行域中的哪一个顶点.

(1)

$$\max \quad z = 10x_1 + 5x_2,$$
$$\text{s.t.} \quad 3x_1 + 4x_2 \leqslant 9,$$
$$5x_1 + 2x_2 \leqslant 8,$$
$$x_1, x_2 \geqslant 0.$$

(2)

$$\max \quad z = 100x_1 + 200x_2,$$
$$\text{s.t.} \quad x_1 + x_2 \leqslant 500,$$
$$x_1 \leqslant 200,$$
$$2x_1 + 6x_2 \leqslant 1200,$$
$$x_1, x_2 \geqslant 0.$$

23. 用单纯形法解下列线性规划.

(1)

$$\min \quad z = x_1 - 2x_2 + x_3 - 3x_4,$$
$$\text{s.t.} \quad x_1 + x_2 + 3x_3 + x_4 \leqslant 6,$$
$$-2x_2 + x_3 + x_4 \leqslant 3,$$
$$-x_2 + 6x_3 - x_4 \leqslant 4,$$
$$x_i \geqslant 0 \qquad (i = 1, 2, 3, 4).$$

(2)

$$\max \quad z = 6x_1 - 3x_2 + 3x_3,$$
$$\text{s.t.} \quad 2x_1 + x_2 \leqslant 8,$$
$$-4x_1 - 2x_2 + 3x_3 \leqslant 14,$$
$$x_1 - 2x_2 + x_3 \leqslant 18,$$
$$x_1, x_2, x_3 \geqslant 0.$$

(3)

$$\min \quad z = x_1 + x_2 - 4x_3,$$
$$\text{s.t.} \quad x_1 + x_2 + 2x_3 \leqslant 9,$$
$$x_1 + x_2 - x_3 \leqslant 2,$$
$$-x_1 + x_2 + x_3 \leqslant 4,$$
$$x_1, x_2, x_3 \geqslant 0.$$

(4)

$$\max \quad z = 6x_1 + 2x_2 + 10x_3 + 8x_4,$$
$$\text{s.t.} \quad 5x_1 + 6x_2 - 4x_3 - 4x_4 \leqslant 20,$$
$$3x_1 - 3x_2 + 2x_3 + 8x_4 \leqslant 25,$$
$$4x_1 - 2x_2 + x_3 + 3x_4 \leqslant 10,$$
$$x_1, x_2, x_3, x_4 \geqslant 0.$$

(5)
$$\begin{aligned}
\max\quad & z = x_1 + 6x_2 + 4x_3, \\
\text{s.t.}\quad & -x_1 + 2x_2 + 2x_3 \leqslant 4, \\
& 4x_1 - 4x_2 + x_3 \leqslant 21, \\
& x_1 + 2x_2 + x_3 \leqslant 9, \\
& x_1, x_2, x_3 \geqslant 0.
\end{aligned}$$

(6)
$$\begin{aligned}
\max\quad & 2x_1 + 3x_2 - 6x_3, \\
\text{s.t.}\quad & x_1 + x_2 - 2x_3 \leqslant 8, \\
& x_1 - x_2 + x_3 \leqslant 4, \\
& x_1, x_2, x_3 \geqslant 0.
\end{aligned}$$

(7)
$$\begin{aligned}
\min\quad & z = -x_1 - 2x_2 - x_3, \\
\text{s.t.}\quad & x_1 + 4x_2 + 6x_3 \leqslant 4, \\
& -x_1 + x_2 + 4x_3 \leqslant 1, \\
& x_1 + 3x_2 + x_3 \leqslant 6, \\
& x_1, x_2, x_3 \geqslant 0.
\end{aligned}$$

(8)
$$\begin{aligned}
\min\quad & z = -0.75x_4 + 20x_5 - 0.5x_6 + 6x_7, \\
\text{s.t.}\quad & x_1 + 0.25x_4 - 8x_5 - x_6 + 9x_7 = 0, \\
& x_2 + 0.5x_4 - 12x_5 - 0.5x_6 + 3x_7 = 0, \\
& x_3 + x_6 = 1, \\
& x_i \geqslant 0 \qquad (i = 1, \cdots, 7).
\end{aligned}$$

(9)
$$\begin{aligned}
\max\quad & z = 2x_1 + x_2, \\
\text{s.t.}\quad & 4x_1 + 3x_2 \leqslant 12, \\
& 4x_1 + x_2 \leqslant 8, \\
& x_1, x_2 \geqslant 0.
\end{aligned}$$

(10)
$$\begin{aligned}
\min\quad & z = x_1 - x_2 + 3x_3, \\
\text{s.t.}\quad & 2x_1 + x_2 = 4, \\
& 3x_1 + 2x_2 + 2x_3 = 8, \\
& x_1, x_2, x_3 \geqslant 0.
\end{aligned}$$

(11)
$$\begin{aligned}
\max\quad & z = 10x_1 + 15x_2 + 12x_3, \\
\text{s.t.}\quad & 5x_1 + 3x_2 + x_3 \leqslant 9, \\
& -5x_1 + 6x_2 + 15x_3 \leqslant 15, \\
& 2x_1 + x_2 + x_3 \geqslant 5, \\
& x_1, x_2, x_3 \geqslant 0.
\end{aligned}$$

(12)

$$\max \quad z = x_1 + 5x_2 + 3x_3,$$
$$\text{s.t.} \quad x_1 + 2x_2 + x_3 = 3,$$
$$2x_1 - x_2 = 4,$$
$$x_1, x_2, x_3 \geqslant 0.$$

(13)

$$\min \quad z = 2x_1 + 3x_2 + x_3,$$
$$\text{s.t.} \quad x_1 + 4x_2 + 2x_3 \geqslant 8,$$
$$3x_1 + 2x_2 \geqslant 6,$$
$$x_1, x_2, x_3 \geqslant 0.$$

(14)

$$\max \quad z = x_1 + x_2,$$
$$\text{s.t.} \quad 4x_1 + 3x_2 \geqslant 12,$$
$$2x_1 + 3x_2 \geqslant 6,$$
$$x_2 \geqslant 2,$$
$$x_1, x_2 \geqslant 0.$$

(15)

$$\max \quad z = x_1 + 6x_2 + 4x_3,$$
$$\text{s.t.} \quad -x_1 + 2x_2 + 2x_3 \leqslant 13,$$
$$4x_1 - 4x_2 + x_3 \leqslant 20,$$
$$x_1 + 2x_2 + x_3 \leqslant 17,$$
$$x_1 \geqslant 1, x_2 \geqslant 2, x_3 \geqslant 3.$$

(16)

$$\max \quad z = 5x_1 + 3x_2 + 6x_3,$$
$$\text{s.t.} \quad x_1 + 2x_2 + x_3 \leqslant 18,$$
$$2x_1 + x_2 + 3x_3 \leqslant 16,$$
$$x_1 + x_2 + x_3 = 10,$$
$$x_1, x_2 \geqslant 0, x_3 无约束.$$

24. 表 18 给出某线性规划问题计算过程中的一个单纯形表, 目标函数为 $\max z = 28x_4 + x_5 + 2x_6$, 约束条件为 " $\leqslant$ ", 表中 x_1, x_2, x_3 为松弛变量.

表 18

	x_1	x_2	x_3	x_4	x_5	x_6	
x_6	3	0	$-\dfrac{14}{3}$	0	1	1	7
x_2	6	d	2	0	$\dfrac{5}{2}$	0	5
x_4	0	e	f	1	0	0	0
	b	c	0	0	1	g	

(1) 求表中 b, c, d, e, f, g 的值；　(2) 表中给出的解，是否为最优解？

25. 表 19 为求某极小值线性规划问题的初始单纯形表及迭代后的表，x_4, x_5 为松弛变量，试求表中 $a, b, c, d, e, f, g, h, i, j, k, l$ 的值及各变量下标 m, n, s, t 的值.

表 19

	x_1	x_2	x_3	x_4	x_5	
x_m	b	c	d	1	0	6
x_n	-1	3	e	0	1	1
	a	1	-2	0	0	
x_s	g	2	-1	$\frac{1}{2}$	0	f
x_t	h	i	1	$\frac{1}{2}$	1	4
	0	7	j	k	l	

26. 表 20 给出某求极大值问题的单纯形表，问表中 a_1, a_2, c_1, c_2, d 为何值时以及表中变量属哪一种类型时有：

(1) 表中解为惟一最优解；

(2) 表中解为无穷多最优解之一；

(3) 表中解为退化的可行解；

(4) 下一步迭代将以 x_1 替换基变量 x_5；

(5) 该线性规划问题具有无界解；

(6) 该线性规划问题无可行解.

表 20

	x_1	x_2	x_3	x_4	x_5	
x_3	4	a_1	1	0	0	d
x_4	-1	-5	0	1	0	2
x_5	a_2	-3	0	0	1	3
	c_1	c_2	0	0	0	

27. 试利用两阶段法第一阶段的求解，找出下述方程组的一个可行解，并利用计算得到的最终单纯形表说明该方程组有多余方程

$$\begin{cases} x_1 - 2x_2 + x_3 = 2, \\ -x_1 + 3x_2 + x_3 = 1, \\ 2x_1 - 3x_2 + 4x_3 = 7, \\ x_1, x_2, x_3 \geqslant 0. \end{cases}$$

第 2 章　对偶线性规划

§2.1　对偶规划的构造

一、对偶规划的实际背景

例 2.1　假如某种作物，全部生产过程至少需氮肥 32 公斤，磷肥 24 公斤，钾肥 42 公斤. 已知甲乙丙丁四种复合肥料每公斤的价格以及氮磷钾的含量，如表 2.1 所示.

表 2.1

	甲	乙	丙	丁	肥料需要量 / 公斤
氮	0.03	0.3	0	0.15	32
磷	0.05	0	0.2	0.1	24
钾	0.14	0	0	0.07	42
每公斤价格 / 元	0.04	0.15	0.1	0.13	

问应如何选购这些肥料，既能满足作物对氮磷钾的需要，又使施肥成本最低？

解　设用 x_1, x_2, x_3, x_4 分别表示甲乙丙丁四种肥料的用量，则问题可写成如下线性规划

$$\begin{aligned}
\min \quad & z = 0.04x_1 + 0.15x_2 + 0.1x_3 + 0.13x_4, \\
\text{s.t.} \quad & 0.03x_1 + 0.3x_2 + 0.15x_4 \geqslant 32, \\
& 0.05x_1 + 0.2x_3 + 0.1x_4 \geqslant 24, \\
& 0.14x_1 + 0.07x_4 \geqslant 42, \\
& x_1, x_2, x_3, x_4 \geqslant 0.
\end{aligned}$$

现在从另一个角度考虑. 现有一肥料公司生产氮、磷、钾三种单成分的化肥，要为这三种化肥定价，既要获利最大，又要和生产甲乙丙丁四种复合肥料公司竞争，因此以这些单成分化肥，组成相应于四种复合肥料含量的肥料时，价格不超过复合肥料公司的价格、施肥满足作物需要时要求利润最大.

设 w_1, w_2, w_3 分别表示氮、磷、钾三种化肥的定价, 则问题可写成如下线性 规划

$$\begin{aligned}
\max \quad & g = 32w_1 + 24w_2 + 42w_3, \\
\text{s.t.} \quad & 0.03w_1 + 0.05w_2 + 0.14w_3 \leqslant 0.04, \\
& 0.3w_1 \leqslant 0.15, \\
& 0.2w_2 \leqslant 0.1, \\
& 0.15w_1 + 0.1w_2 + 0.07w_3 \leqslant 0.13, \\
& w_1, w_2, w_3 \geqslant 0.
\end{aligned}$$

我们称后一个线性规划为前一个线性规划的 **对偶规划**, 分别用 LP 和 LD 来简记这两个线性规划. 这是同一个问题从农场和肥料公司不同角度考虑得到不同的线性规划模型.

二、对偶规划构造的准则

1. 对称形式下对偶规划

定义 2.1 满足下列条件的线性规划问题称为具有 **对称形式**: 其变量均具有非负约束, 其约束条件当目标函数求极小时, 均取 "$\geqslant$" 号, 当目标函数求极大时, 均取 "$\leqslant$" 号.

对称形式下线性规划的原问题一般形式为

$$\begin{aligned}
\text{LP} \qquad \min \quad & z = c_1x_1 + c_2x_2 + \cdots + c_nx_n, \\
\text{s.t.} \quad & a_{11}x_1 + a_{12}x_2 + \cdots + a_{1n}x_n \geqslant b_1, \\
& a_{21}x_1 + a_{22}x_2 + \cdots + a_{2n}x_n \geqslant b_2, \\
& \qquad\qquad\qquad \vdots \\
& a_{m1}x_1 + a_{m2}x_2 + \cdots + a_{mn}x_n \geqslant b_m, \\
& x_i \geqslant 0 \qquad (i = 1, 2, \cdots, n).
\end{aligned}$$

用 $w_j(j = 1, 2, \cdots, m)$ 表示对偶规划的变量, 则其对偶规划的一般形式为

$$\begin{aligned}
\text{LD} \qquad \max \quad & g = b_1w_1 + b_2w_2 + \cdots + b_mw_m, \\
\text{s.t.} \quad & a_{11}w_1 + a_{21}w_2 + \cdots + a_{m1}w_m \leqslant c_1, \\
& a_{12}w_1 + a_{22}w_2 + \cdots + a_{m2}w_m \leqslant c_2, \\
& \qquad\qquad\qquad \vdots \\
& a_{1n}w_1 + a_{2n}w_2 + \cdots + a_{mn}w_m \leqslant c_n, \\
& w_i \geqslant 0 \qquad (i = 1, 2, \cdots, m).
\end{aligned}$$

用矩阵表示可简化为

$$\begin{aligned}
\text{LP} \qquad\qquad \min \quad & cx, \\
\text{s.t.} \quad & Ax \geqslant b, \\
& x \geqslant 0.
\end{aligned}$$

LD

$$\begin{aligned}
\max \quad & wb, \\
\text{s.t.} \quad & wA \leqslant c, \\
& w \geqslant 0.
\end{aligned}$$

其中

$$
\begin{aligned}
c &= (c_1, c_2, \cdots, c_n), \\
x &= (x_1, x_2, \cdots, x_n)^{\mathrm{T}}, \\
A &= (a_{ij})_{m \times n}, \\
b &= (b_1, b_2, \cdots, b_m)^{\mathrm{T}}, \\
w &= (w_1, w_2, \cdots, w_m).
\end{aligned}
$$

若将对偶规划 LD 作为原规划, 我们来求它的对偶规划. 先将 LD 化为

$$\begin{aligned}
\min \quad & -b^{\mathrm{T}} w^{\mathrm{T}}, \\
\text{s.t.} \quad & -A^{\mathrm{T}} w^{\mathrm{T}} \geqslant -c^{\mathrm{T}}, \\
& w^{\mathrm{T}} \geqslant 0.
\end{aligned}$$

它的对偶规划为

$$\begin{aligned}
\max \quad & x^{\mathrm{T}}(-c^{\mathrm{T}}), \\
\text{s.t.} \quad & x^{\mathrm{T}}(-A^{\mathrm{T}}) \leqslant (-b^{\mathrm{T}}), \\
& x^{\mathrm{T}} \geqslant 0.
\end{aligned}$$

即

$$\begin{aligned}
\min \quad & cx, \\
\text{s.t.} \quad & Ax \geqslant b, \\
& x \geqslant 0.
\end{aligned}$$

由此可知:

定理 2.1 对偶规划的对偶规划是原规划. 即 LD 是 LP 的对偶规划时, LP 是 LD 的对偶规划. 因而这个关系是对称的.

2. 非对称形式下对偶规划的形式

例 2.2 写出下述线性规划的对偶规划

$$\begin{aligned}
\min \quad & z = x_1 + 4x_2 + 3x_3, \\
\text{s.t.} \quad & 2x_1 + 3x_2 - 5x_3 \leqslant 2, \\
& 3x_1 - x_2 + 6x_3 \geqslant 1, \\
& x_1 + x_2 + x_3 = 4, \\
& x_1 \geqslant 0, x_2 \leqslant 0, x_3 无约束.
\end{aligned}$$

先将此规划化成对称形式. 因为 $x_2 \leqslant 0$, 令 $x_2' = -x_2$. x_3 无约束, 令 $x_3 = x_3' - x_3''$, 将所有约束化成 " $\geqslant$ ", 我们得到的线性规划为

$$
\begin{aligned}
\min \quad & z = x_1 - 4x_2' + 3x_3' - 3x_3'', \\
\text{s.t.} \quad & -2x_1 + 3x_2' + 5x_3' - 5x_3'' \geqslant -2, \\
& 3x_1 + x_2' + 6x_3' - 6x_3'' \geqslant 1, \\
& x_1 - x_2' + x_3' - x_3'' \geqslant 4, \\
& -x_1 + x_2' - x_3' + x_3'' \geqslant -4, \\
& x_1, x_2', x_3', x_3'' \geqslant 0.
\end{aligned}
$$

由于第一个约束原来是 " $\leqslant$ ", 现乘了负号后得到 " $\geqslant$ ", 令相应的对偶变量为 w_1', 第二个约束相应的对偶变量为 w_2, 第三、四个约束由原来等式约束变化而来, 相应的对偶变量为 w_3', w_3''. 由对称的线性规划的对偶规划, 我们得到相应的对偶规划为

$$
\begin{aligned}
\max \quad & g = -2w_1' + w_2 + 4w_3' - 4w_3'', \\
\text{s.t.} \quad & -2w_1' + 3w_2 + w_3' - w_3'' \leqslant 1, \\
& 3w_1' + w_2 - w_3' + w_3'' \leqslant -4, \\
& 5w_1' + 6w_2 + w_3' - w_3'' \leqslant 3, \\
& -5w_1' - 6w_2 - w_3' + w_3'' \leqslant -3, \\
& w_1', w_2, w_3', w_3'' \geqslant 0.
\end{aligned}
$$

令 $w_1 = -w_1', w_3 = w_3' - w_3''$, 第二个不等式反向, 第三、四个不等式合并, 我们得到

$$
\begin{aligned}
\max \quad & 2w_1 + w_2 + 4w_3, \\
\text{s.t.} \quad & 2w_1 + 3w_2 + w_3 \leqslant 1, \\
& 3w_1 - w_2 + w_3 \geqslant 4, \\
& -5w_1 + 6w_2 + w_3 = 3, \\
& w_1 \leqslant 0, w_2 \geqslant 0, w_3 \text{无约束}.
\end{aligned}
$$

此规划中:

(1) 目标函数系数是原规划中约束条件中右侧常数项, 约束条件中右侧常数是原规划中目标函数的系数;

(2) 约束矩阵是原约束矩阵的转置;

(3) 约束条件的不等号 (或等号) 对应到对偶规划的变量与零的关系.

我们容易证明,

当 LP 模型 (求目标函数最小值) 中约束条件为 " $\leqslant$ " 时, 则 LD 对应的变量小于等于零;

当 LP 模型中约束条件为 "$\geqslant$" 时, 则 LD 对应的变量大于等于零;

当 LP 模型中约束条件为 "$=$" 时, 则 LD 对应的变量无约束.

另一方面,

当 LP 模型中变量大于等于零时, 则 LD 对应的约束条件为 "$\leqslant$";

当 LP 模型中变量小于等于零时, 则 LD 对应的约束条件为 "$\geqslant$";

当 LP 模型中变量无约束时, 则 LD 对应的约束条件为 "$=$".

为了便于记忆, 列成一张表 (表 2.2).

表 2.2

max LD	min LP	$x_1 \geqslant 0$	$x_2 \leqslant 0$	x_3无约束	
$w_1 \geqslant 0$		a_{11}	a_{12}	a_{13}	$\geqslant b_1$
$w_2 \leqslant 0$		a_{21}	a_{22}	a_{23}	$\leqslant b_2$
w_3无约束		a_{31}	a_{32}	a_{33}	$= b_3$
		$\leqslant c_1$	$\geqslant c_2$	$= c_3$	

两个规划互为对偶规划, 一个是求目标函数的最大值 LD, 一个是求目标函数的最小值 LP, 表格上面一行是 LP 的变量, 中间是约束矩阵系数, 在每个变量下面就是这个变量相应的系数, 右侧是约束条件的常数项, 最下面一行是目标函数的系数, 左边第一列是 LD 的变量, 中间约束矩阵系数在这个变量同一行的就是这个变量相应的系数, 右侧的列是目标函数的系数, 下面一行是约束条件中常数项. 而且给出了这两个规划的约束条件要求和相应变量取值范围之间的对应关系, 因此我们可以利用此表迅速写出一个规划的对偶规划.

例 2.3　写出下列线性规划的对偶规划

(1)

$$\begin{aligned}
\min \quad & z = 2x_1 - x_2 + x_3 - 3x_4, \\
\text{s.t.} \quad & x_1 + 2x_2 + 4x_4 = 1, \\
& 2x_2 - 3x_3 - 4x_4 \leqslant 2, \\
& x_1 + 3x_3 \geqslant 3, \\
& x_1, x_2 \geqslant 0, x_3, x_4\text{无约束}.
\end{aligned}$$

解　将其所有系数放在表中 (表 2.3).

我们可立即写出对偶规划, 且由 $x_1 \geqslant 0, x_2 \geqslant 0$ 知, 相应的约束为 "$\leqslant$", x_3, x_4 无约束相应的约束为 "$=$". 由 w_1 相应的约束条件为 "$=$" 约束, 所以 w_1 无约束. 由此写出对偶规划为

表 2.3

max	min	$x_1 \geqslant 0$	$x_2 \geqslant 0$	x_3无约束	x_4无约束	
w_1 无约束		1	2	0	4	$=1$
$w_2 \leqslant 0$		0	2	-3	-4	$\leqslant 2$
$w_3 \geqslant 0$		1	0	3	0	$\geqslant 3$
		$\leqslant 2$	$\leqslant -1$	$=1$	$=-3$	

$$\begin{aligned} \max \quad & g = w_1 + 2w_2 + 3w_3, \\ \text{s.t.} \quad & w_1 + w_3 \leqslant 2, \\ & 2w_1 + 2w_2 \leqslant -1, \\ & -3w_2 + 3w_3 = 1, \\ & 4w_1 - 4w_2 = -3, \\ & w_1无约束, w_2 \leqslant 0, w_3 \geqslant 0. \end{aligned}$$

(2)

$$\begin{aligned} \max \quad & z = 5x_1 + 6x_2 + 3x_3, \\ \text{s.t.} \quad & x_1 + 2x_2 + 2x_3 = 5, \\ & -x_1 + 5x_2 - x_3 \geqslant 3, \\ & 4x_1 + 7x_2 + 3x_3 \leqslant 8, \\ & x_1无约束, x_2 \geqslant 0, x_3 \leqslant 0. \end{aligned}$$

解 注意这个问题是求极大, 按列放置 (表 2.4).

表 2.4

max	min	w_1 无约束	$w_2 \leqslant 0$	$w_3 \geqslant 0$	
x_1无约束		1	-1	4	$=5$
$x_2 \geqslant 0$		2	5	7	$\geqslant 6$
$x_3 \leqslant 0$		2	-1	3	$\leqslant 3$
		$=5$	$\geqslant 3$	$\leqslant 8$	

于是对偶规划为

$$\begin{aligned} \min \quad & g = 5w_1 + 3w_2 + 8w_3, \\ \text{s.t.} \quad & w_1 - w_2 + 4w_3 = 5, \\ & 2w_1 + 5w_2 + 7w_3 \geqslant 6, \\ & 2w_1 - w_2 + 3w_3 \leqslant 3, \\ & w_1无约束, w_2 \leqslant 0, w_3 \geqslant 0. \end{aligned}$$

§2.2   对偶定理

这一节我们给出对偶规划的一些性质. 为叙述方便, 我们在对称形式下讨论, 对非对称形式, 读者可以自己给出结论并加以证明.

对称形式下对偶问题的原规划为

$$
\begin{aligned}
\min \quad & cx, \\
\text{s.t.} \quad & Ax \geqslant b, \\
& x \geqslant 0.
\end{aligned}
$$

简称为 P, 对偶规划为

$$
\begin{aligned}
\max \quad & wb, \\
\text{s.t.} \quad & wA \leqslant c, \\
& w \geqslant 0.
\end{aligned}
$$

简称为 D.

一、弱对偶定理

定理 2.2(弱对偶定理)   设 x^0 是 P 的可行解, w^0 是 D 的可行解, 则 $cx^0 \geqslant w^0 b$.

证明   因为 x^0 是 P 的可行解, 所以 $Ax^0 \geqslant b, x^0 \geqslant 0$. 又 w^0 是 D 的可行解, 于是 $w^0 A \leqslant c, w^0 \geqslant 0$. 因而 $w^0 Ax^0 \geqslant w^0 b, w^0 Ax^0 \leqslant cx^0$. 即证得 $w^0 b \leqslant cx^0$.

推论 2.1   若 x^*, w^* 分别是 P 和 D 的可行解, 且 $cx^* = w^* b$. 则 x^*, w^* 分别是 P 和 D 的最优解.

推论 2.2   若 P 和 D 中一个目标函数值无界, 则另一个可行域为空.

推论 2.3   P 和 D 同时有最优解的充要条件是 P 和 D 都有可行解.

二、强对偶定理

由弱对偶定理和推论可知, 一对对偶规划可能同时有最优解, 也可能一个目标函数值无界, 另一个可行域为空. 是否可能一个有最优解, 另一个可行域为空呢? 下面定理告诉我们这是不可能的.

定理 2.3   一对对偶规划 P 和 D 中一个有最优解的充要条件是另一个有最优解, 且它们的最优值相等.

证明   我们先证明当 P 有最优解时, D 也有最优解. 我们用构造方法来证明.

我们在求 P 的最优解时, 先引进松弛变量, 将其标准化得

$$
\begin{aligned}
\min \quad & c'x', \\
\text{s.t.} \quad & A'x' = b, \\
& x' \geqslant 0.
\end{aligned}
$$

其中 $x' = (x, x_s)^{\mathrm{T}}$ (x_s 为松弛变量, 是 m 维列向量), $c' = (c, 0)$. 其中 0 是 m 维行向量, $A' = (A, -I)$, I 为 $m \times m$ 单位矩阵.

然后用单纯形法求解, 因为 P 有最优解, 则一定有最优基可行解. 设此时的最优基阵为 B^*, 则我们有 $c_{B^*}(B^*)^{-1}A' \leqslant c'$, 最优值为 $c_{B^*}(B^*)^{-1}b$.

我们令 $w^* = c_{B^*}(B^*)^{-1}$, 则 $w^*(A, -I) \leqslant (c, 0)$, $w^*A \leqslant c$, $w^* \geqslant 0$. w^* 是 D 的可行解, 此时 D 的目标函数值为 $w^*b = c_{B^*}(B^*)^{-1}b$, 故 w^* 是 D 的最优解.

同理我们可证当 D 有最优解时, P 也有最优解. 在证明过程中我们看到目标函数值相等. □

由定理 2.3, 我们看到一对对偶规划有最优解时, 一定同时有最优解, 但也可能出现两个可行域均为空的情形.

三、互补松弛定理及其应用

定理 2.4(互补松弛定理) 已知 x^*, w^* 分别是 P 和 D 的可行解, 它们分别是 P 和 D 的最优解的充要条件是

$$w^*(Ax^* - b) = 0, (c - w^*A)x^* = 0.$$

证明

必要性 x^*, w^* 分别是 P 和 D 的最优解, 则

$$Ax^* \geqslant b,$$
$$x^* \geqslant 0,$$
$$w^*A \leqslant c,$$
$$w^* \geqslant 0,$$
$$cx^* = w^*b.$$

所以由

$$cx^* \geqslant w^*Ax^* \geqslant w^*b$$

推出 $cx^* = w^*Ax^* = w^*b$. 于是

$$w^*(Ax^* - b) = 0, (c - w^*A)x^* = 0.$$

充分性 由 $w^*(Ax^* - b) = 0, (c - w^*A)x^* = 0$ 得

$$w^*b = w^*Ax^* = cx^*,$$

又 x^*, w^* 是 P 和 D 的可行解, 所以 x^*, w^* 分别是 P 和 D 的最优解.

因为 $w^* \geqslant 0, Ax^* \geqslant b$, 由 $w^*(Ax^* - b) = 0$, 我们有

$$w_j \left(\sum_{i=1}^{n} a_{ij} x_i - b_j \right) = 0, \qquad j = 1, 2, \cdots, m.$$

由 $x^* \geqslant 0, w^*A \leqslant c, (c - w^*A)x^* = 0$ 有

$$\left(c_i - \sum_{j=1}^{n} a_{ij} w_j \right) x_i = 0, \qquad i = 1, 2, \cdots, n.$$

即一个规划的某个约束成立严格不等式 (约束条件为松), 对应的对偶规划中变量取 0 (变量是紧). 当某个变量不为 0 时 (变量是松), 对应的对偶规划中约束成立等式 (约束条件是紧). □

应用互补松弛定理, 我们可利用对偶规划的最优解求原规划的最优解.

例 2.4 求解线性规划问题

$$
\begin{aligned}
\min \quad & 2x_1 + 3x_2 + 5x_3 + 2x_4 + 3x_5, \\
\text{s.t.} \quad & x_1 + x_2 + 2x_3 + x_4 + 3x_5 \geqslant 4, \\
& 2x_1 - 2x_2 + 3x_3 + x_4 + x_5 \geqslant 3, \\
& x_1, x_2, x_3, x_4, x_5 \geqslant 0.
\end{aligned}
$$

解 它的对偶规划是

$$
\begin{aligned}
\max \quad & 4w_1 + 3w_2, \\
\text{s.t.} \quad & w_1 + 2w_2 \leqslant 2, \\
& w_1 - 2w_2 \leqslant 3, \\
& 2w_1 + 3w_2 \leqslant 5, \\
& w_1 + w_2 \leqslant 2, \\
& 3w_1 + w_2 \leqslant 3, \\
& w_1, w_2 \geqslant 0.
\end{aligned}
$$

这是两个变量的线性规划, 可用图解法求解,

图中的黑点对应最优解 $w^* = \left(\dfrac{4}{5}, \dfrac{3}{5} \right)$, 位于 $(0,0), (0,1), (1,0)$ 和 w^* 之间的阴影部分是可行域, 最优值 $4 \times \dfrac{4}{5} + 3 \times \dfrac{3}{5} = 5$. 由图上可知, 将 w^* 代入约束条件中时, 第二、三、四个约束条件成立严格不等式. 由互补松弛定理, 原规划最优解中相应的变量为 0, 即 $x_2^* = x_3^* = x_4^* = 0$. 又因为 w_1^*, w_2^* 不为 0, 在原规划中对应的约束条件为紧, 因此我们得到 $x_1^* + 3x_5^* = 4, 2x_1^* + x_5^* = 3$, 解得 $x_1^* = x_5^* = 1$. 由此得到原规划最优解 $x^* = (1, 0, 0, 0, 1)^{\mathrm{T}}$, 最优值为 5.

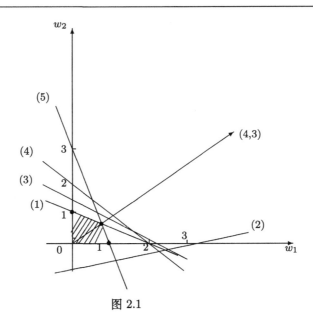

图 2.1

在非对称形式下, 也有类似的结论, 下面再给出一例.

例 2.5 求解线性规划问题

$$\min \quad 2x_1 + 4x_2 - 3x_3 - x_4,$$
$$\text{s.t.} \quad x_1 - x_2 + 2x_3 + 2x_4 \leqslant 2,$$
$$x_1 + 2x_2 - x_3 + x_4 \geqslant 3,$$
$$x_1, x_2 \geqslant 0, x_3, x_4 \leqslant 0.$$

解 对偶规划为

$$\max \quad 2w_1 + 3w_2,$$
$$\text{s.t.} \quad w_1 + w_2 \leqslant 2,$$
$$-w_1 + 2w_2 \leqslant 4,$$
$$2w_1 - w_2 \geqslant -3,$$
$$2w_1 + w_2 \geqslant -1,$$
$$w_1 \leqslant 0, w_2 \geqslant 0.$$

我们用图解法求得此对偶规划的最优解为 (0,2), 最优值为 6.

图 2.2 中的黑点对应最优解 $w^* = (0,2)$. 由图可知, w^* 代入约束条件, 第三、四个条件成立严格不等式, 所以 $x_3^* = x_4^* = 0$. 又因为 $w_2^* > 0$, 所以原规划第二个约束条件为等式约束, 即

$$\begin{cases} x_1^* - x_2^* \leqslant 2, \\ x_1^* + 2x_2^* = 3. \end{cases}$$

再加上条件 $x_1^* \geqslant 0, x_2^* \geqslant 0$, 此时原规划最优解不惟一.

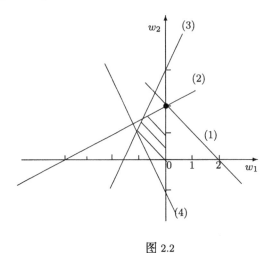

图 2.2

由上述不等式组得 $0 \leqslant x_1^* \leqslant \dfrac{7}{3}, x_2^* \geqslant \dfrac{1}{3}$. 所以, 原规划有两个最优基可行解为 $x = \left(\dfrac{7}{3}, \dfrac{1}{3}, 0, 0\right)^{\mathrm{T}}, x' = \left(0, \dfrac{3}{2}, 0, 0\right)^{\mathrm{T}}$. 原规划的最优解为 $\lambda x + (1 - \lambda)x'$, 其中 $0 \leqslant \lambda \leqslant 1$, 最优值为 6.

§2.3　对偶单纯形法

一、理论基础

线性规划的标准形式是

$$
\begin{aligned}
\mathrm{P} \qquad & \min \quad cx, \\
& \text{s.t.} \quad Ax = b, \\
& \qquad\quad x \geqslant 0.
\end{aligned}
$$

其对偶规划形式是

$$
\begin{aligned}
\mathrm{D} \qquad & \max \quad wb, \\
& \text{s.t.} \quad wA \leqslant c.
\end{aligned}
$$

若我们有 x^*, w^* 同时满足 $Ax^* = b, x^* \geqslant 0, w^*A \leqslant c, cx^* = w^*b$ 这四个条件, 则 x^*, w^* 分别是 P 和 D 的最优解. 在单纯形法求解过程中, 对每一个可行基 B, 相应的基可行解 $x^* = \begin{pmatrix} B^{-1}b \\ 0 \end{pmatrix}$. 令 $w^* = c_B B^{-1}$, 则 x^*, w^* 满足 $Ax^* = b, x^* \geqslant 0, cx^* = w^*b$ 这三个条件. 若 $w^*A \leqslant c$, 则 x^*, w^* 就是最优解. 在单纯形迭代过

中, 每一步均满足四个条件中的三个. 而检验数 $\lambda = c - c_B B^{-1} A \geqslant 0$, 就是在检查第四个条件, 当 $\lambda \geqslant 0$ 时, 第四个条件也满足, 得到最优解. 单纯形法也可理解为从 P 的可行解去找 D 的可行解. 反过来从 D 的可行解去找 P 的可行解, 就是对偶单纯形法的基本思想.

首先给出一些定义: 若 $A = (B, N)$, 其中 B 非异, $w = c_B B^{-1}$ 称为 D 的一个 **基解**. 若 $c - c_B B^{-1} A \geqslant 0$, 即 $wA \leqslant c$, 称 $c_B B^{-1}$ 为 D 的一个 **基可行解**, 称此时 B 为原规划的一个 **正则基**. 此时 $x = \begin{pmatrix} B^{-1}b \\ 0 \end{pmatrix}$ 称为 **原规划的正则基解**.

显然, 当我们有一个正则基 B 时, 相应的 $x = \begin{pmatrix} B^{-1}b \\ 0 \end{pmatrix}, w = c_B B^{-1}$ 满足 $wA \leqslant c, Ax = b, cx = wb$. 若此时的 $x \geqslant 0$, 则 x 就是最优解了. 对偶单纯形法就是从一个正则基到另一个正则基, 当 $x \geqslant 0$ 时, 得到最优解.

二、对偶单纯形法

若我们已经有了一个初始正则基, 为叙述方便, 假设 $B = (A_1, A_2, \cdots, A_m)$, 将其如单纯形法一样放在一个表中 (表 2.5).

表 2.5

	x_1	x_2	$\cdots$	x_m	x_{m+1}	$\cdots$	x_n	
x_1	1	0	$\cdots$	0	$y_{1,m+1}$	$\cdots$	$y_{1,n}$	$\overline{b_1}$
x_2	0	1	$\cdots$	0	$y_{2,m+1}$	$\cdots$	$y_{2,n}$	$\overline{b_2}$
$\vdots$	$\vdots$	$\vdots$		$\vdots$	$\vdots$		$\vdots$	$\vdots$
x_m	0	0	$\cdots$	1	$y_{m,m+1}$	$\cdots$	$y_{m,n}$	$\overline{b_m}$
	0	0	$\cdots$	0	λ_{m+1}	$\cdots$	λ_n	

则此表和单纯形表的区别在于表中最下面一行 $\lambda_i \geqslant 0$, 但右侧 $\overline{b_j}(j = 1, 2, \cdots, m)$ 不一定全部非负.

当我们从一个正则基到另一个正则基时, 要保持最后一行 $\lambda \geqslant 0$, 怎样进行基的转换呢?

(1) 若 $\overline{b_i} \geqslant 0 (i = 1, \cdots, m)$, 则已得最优解.

(2) 设某个 $\overline{b_r} < 0$, 则先确定 x_r 离基, 如何选择进基变量呢?

若 $x_k (k = m+1, \cdots, n)$ 进基, 同单纯形法一样通过行线性变换使 x_k 所在列为单位向量且 $y_{rk} = 1$, 要保证仍是正则基, 我们应有

$$\overline{\lambda_j} = \lambda_j - y_{rj} \frac{\lambda_k}{y_{rk}} \geqslant 0.$$

(i) 当 $j = r, \lambda_r = 0$, 因为

$$\lambda_k \geqslant 0, \qquad \overline{\lambda_r} = -\frac{\lambda_k}{y_{rk}} \geqslant 0 \qquad (y_{rr} = 1).$$

所以 $y_{rk} < 0$;

(ii) 当 $j \neq r$ 时，若 $y_{rj} > 0$, 相应于 $\overline{\lambda_j} \geqslant 0$;

(iii) 若 $y_{rj} < 0$, 由 $\overline{\lambda_j} \geqslant 0$, 有 $\dfrac{\lambda_j}{y_{rj}} \leqslant \dfrac{\lambda_k}{y_{rk}}$. 所以取 k 满足

$$\frac{\lambda_k}{y_{rk}} = \max\left\{ \frac{\lambda_j}{y_{rj}} \middle| y_{rj} < 0 \right\}.$$

由此选出的进基变量 x_k, 在进行基的转换后仍得到正则基.

(3) 若当 $\overline{b_r} < 0$, 相应 y_{rj} 全部非负，说明原问题没有可行解，可行域为空.

下面通过一个例子来看对偶单纯形法的计算步骤.

例 2.6　用对偶单纯形法求解下列线性规划

$$\begin{aligned}
\min \quad & z = 15x_1 + 24x_2 + 5x_3, \\
\text{s.t.} \quad & 6x_2 + x_3 \geqslant 2, \\
& 5x_1 + 2x_2 + x_3 \geqslant 1, \\
& x_1, x_2, x_3 \geqslant 0.
\end{aligned}$$

解　将线性规划标准化得

$$\begin{aligned}
\min \quad & z = 15x_1 + 24x_2 + 5x_3, \\
\text{s.t.} \quad & 6x_2 + x_3 - x_4 = 2, \\
& 5x_1 + 2x_2 + x_3 - x_5 = 1, \\
& x_1, x_2, x_3, x_4, x_5 \geqslant 0.
\end{aligned}$$

注意到目标函数中 c_j 全为正. 此时取 $B = (A_4, A_5)$, 相应有 $c_B = 0$, $\lambda = c - c_B B^{-1} A = c \geqslant 0$, 故 B 为一个正则基. 我们将约束条件两边乘以 -1, 相当于 $Ax = b$ 两边乘以 B^{-1}, 得到

$$\begin{aligned}
\min \quad & z = 15x_1 + 24x_2 + 5x_3, \\
\text{s.t.} \quad & -6x_2 - x_3 + x_4 = -2, \\
& -5x_1 - 2x_2 - x_3 + x_5 = -1, \\
& x_1, x_2, x_3, x_4, x_5 \geqslant 0.
\end{aligned}$$

下面列出单纯形表 2.6.

表 2.6

	x_1	x_2	x_3	x_4	x_5	
x_4	0	-6^*	-1	1	0	-2
x_5	-5	-2	-1	0	1	-1
	15	24	5	0	0	0

因为 $-2 < 0$, 选 x_4 离基, 由 $\max\left\{\dfrac{24}{-6}, \dfrac{5}{-1}\right\} = \dfrac{24}{-6}$, 所以 x_2 进基. 如单纯形法一样进行基的转换得表 2.7.

表 2.7

	x_1	x_2	x_3	x_4	x_5	
x_2	0	1	$\dfrac{1}{6}$	$-\dfrac{1}{6}$	0	$\dfrac{1}{3}$
x_5	-5	0	$-\dfrac{2}{3}^*$	$-\dfrac{1}{3}$	1	$-\dfrac{1}{3}$
	15	0	1	4	0	

因为 $x_5 = -\dfrac{1}{3} < 0$, 选 x_5 离基, 又由 $\max\left\{\dfrac{15}{-5}, \dfrac{1}{-\dfrac{2}{3}}, \dfrac{4}{-\dfrac{1}{3}}\right\} = \dfrac{1}{-\dfrac{2}{3}} = -\dfrac{3}{2}$

知 x_3 进基, 进行基的转换得表 2.8.

现在 $x_i \geqslant 0$, 得最优解. 原问题的最优解 $\left(0, \dfrac{1}{4}, \dfrac{1}{2}\right)^{\mathrm{T}}$, 最优值 $\dfrac{17}{2}$.

表 2.8

	x_1	x_2	x_3	x_4	x_5	
x_2	$-\dfrac{5}{4}$	1	0	$-\dfrac{1}{4}$	$\dfrac{1}{4}$	$\dfrac{1}{4}$
x_3	$\dfrac{15}{2}$	0	1	$\dfrac{1}{2}$	$-\dfrac{3}{2}$	$\dfrac{1}{2}$
	$\dfrac{15}{2}$	0	0	$\dfrac{7}{2}$	$\dfrac{3}{2}$	

由此得到对偶单纯形法的一般步骤.

(1) 找一个初始正则基.

(2) 若 $\bar{b} = B^{-1}b \geqslant 0$, 已得到最优解, 否则存在 $\bar{b}_r < 0$.

(3) 若 $y_{rj} \geqslant 0$, 原问题可行域为空.

(4) 存在 $y_{rj} < 0$, $\dfrac{\lambda_k}{y_{rk}} = \max\left\{\dfrac{\lambda_j}{y_{rj}} | y_{rj} < 0\right\}$.

(5) x_k 进基, x_r 离基, 回到 (2).

初始正则基可以通过引进一个变量, 增加一个约束条件来考虑, 因为事实上对偶单纯形法一般不单独使用, 主要用于灵敏度分析及整数规划有关章节中. 此时已有初始正则基, 因篇幅有限, 不再介绍初始正则基的求法.

§2.4　灵敏度分析

在这以前的线性规划问题中, 都假定线性规划模型中的 a_{ij}, b_i, c_j 是常数, 但实际上这些数字往往是一些估计和预测的数字, 而且会发生变化. 灵敏度分析要解决和研究的问题是当这些参数中的一个或几个发生变化时, 问题的最优解会有什么变化? 或这些参数在一个多大范围变化时? 问题的最优解或最优基不变. 这涉及解的稳定性问题.

一、目标函数系数的灵敏度分析

这里一般讨论两类问题, 一是原问题已得到最优解, 现目标函数的系数中一个或几个发生变化, 问题的最优解有什么变化? 因为目标系数的变化只影响检验数的改变, 我们不需从头开始, 只要在原问题最后一张单纯形表 (即最优单纯形表) 中, 计算出新的检验数, 再用单纯形法进行下去直到找到最优解.

第二类问题是 c_k(此时其余 c_j 不变) 在什么范围内变化时, 最优基不变? Δc_k 表示 c_k 的变动值, 即 $\Delta c_k = c_k^* - c_k$, 其中 c_k^* 为变动后的值. 记最后一张单纯形表中 $B^{-1}A = (y_{ij})_{m \times n}$, 检验数为 λ_j.

当 x_k 为非基变量时, c_k 的变化只影响到检验数 λ_k, 且

$$\lambda_k^* = c_k^* - c_B B^{-1} A_k = -c_B B^{-1} A_k - c_k + c_k + c_k^* = \lambda_k + \Delta c_k \geqslant 0,$$

所以 $\Delta c_k \geqslant -\lambda_k$.

当 x_k 为基变量时, 则 c_k 的改变影响到所有非基变量的检验数. 设 x_k 在基变量中第 i 行, 设 $c_B = (c_{B_1}, \cdots, c_{B_{i-1}}, c_k, c_{B_{i+1}}, \cdots, c_{B_m})$, $c_B^* = (c_{B_1}, \cdots, c_{B_{i-1}}, c_k^*, c_{B_{i+1}}, \cdots, c_{B_m})$, 则 $\lambda_j^* = c_j - c_B^* B^{-1} A_j = c_j - c_B B^{-1} A_j + c_B B^{-1} A_j - c_B^* B^{-1} A_j = \lambda_j - \Delta c_k y_{ij} \geqslant 0$, 当 $y_{ij} < 0$ 时, $\Delta c_k \geqslant \dfrac{\lambda_j}{y_{ij}}$; 当 $y_{ij} > 0$ 时, $\Delta c_k \leqslant \dfrac{\lambda_j}{y_{ij}}$. 因此我们有

$$\max_j \left\{-\infty, \dfrac{\lambda_j}{y_{ij}} | y_{ij} < 0\right\} \leqslant \Delta c_k \leqslant \min_j \left\{+\infty, \dfrac{\lambda_j}{y_{ij}} | y_{ij} > 0\right\}.$$

例 2.7 某工厂用甲乙两种原料生产 A,B,C,D 四种产品, 每种产品的利润、现有原料数及每种产品消耗原料定额如表 2.9 所示.

表 2.9

	A	B	C	D	现有原料数 / 公斤
甲	3	2	10	4	18
乙	0	0	2	$\frac{1}{2}$	3
每万件产品利润 / 万元	9	8	50	19	

问应怎样组织生产才能使总利润最多？如果产品 A 的利润增加到 15 万元, 产品 D 的利润降到 15 万元, 最优解有什么变化？又各产品的利润在什么范围内变化时, 最优基不变？

解 (1) 设 x_1, x_2, x_3, x_4 分别表示 A,B,C,D 四种产品的生产数量, 可建立如下线性规划模型

$$\max \quad z = 9x_1 + 8x_2 + 50x_3 + 19x_4,$$
$$\text{s.t.} \quad 3x_1 + 2x_2 + 10x_3 + 4x_4 \leqslant 18,$$
$$2x_3 + \frac{1}{2}x_4 \leqslant 3,$$
$$x_i \geqslant 0 \quad (i = 1, 2, 3, 4).$$

化为标准形

$$\min \quad -z = -9x_1 - 8x_2 - 50x_3 - 19x_4,$$
$$\text{s.t.} \quad 3x_1 + 2x_2 + 10x_3 + 4x_4 + x_5 = 18,$$
$$2x_3 + \frac{1}{2}x_4 + x_6 = 3,$$
$$x_i \geqslant 0 \quad (i = 1, 2, 3, 4, 5, 6).$$

用单纯形法得到最后一张单纯形表 2.10, 即最优方案是生产一万件产品 C, 2 万件产品 D, 可得利润 88 万元.

表 2.10

	x_1	x_2	x_3	x_4	x_5	x_6	
x_4	2	$\frac{4}{3}$	0	1	$\frac{2}{3}$	$-\frac{10}{3}$	2
x_3	$-\frac{1}{2}$	$-\frac{1}{3}$	1	0	$-\frac{1}{6}$	$\frac{4}{3}$	1
	4	$\frac{2}{3}$	0	0	$\frac{13}{3}$	$\frac{10}{3}$	

(2) 我们计算 c_1, c_4 改变后新的检验数, 得表 2.11.

表 2.11

c	-15	-8	-50	-15	0	0	
c_B　x_B	x_1	x_2	x_3	x_4	x_5	x_6	
-15　x_4	2^*	$\dfrac{4}{3}$	0	1	$\dfrac{2}{3}$	$-\dfrac{10}{3}$	2
-50　x_3	$-\dfrac{1}{2}$	$-\dfrac{1}{3}$	1	0	$-\dfrac{1}{6}$	$\dfrac{4}{3}$	1
	-10	$-\dfrac{14}{3}$	0	0	$\dfrac{5}{3}$	$\dfrac{50}{3}$	
x_1	1	$\dfrac{2}{3}$	0	$\dfrac{1}{2}$	$\dfrac{1}{3}$	$-\dfrac{5}{3}$	1
x_3	0	0	1	$\dfrac{1}{4}$	0	$\dfrac{1}{2}$	$\dfrac{3}{2}$
	0	2	0	5	5	0	

当利润变化时, 最优解也发生变化, 应生产 A 产品 1 万件, C 产品 1.5 万件, 利润 90 万元.

(3) 讨论 c_j $(j = 1, 2, 3, 4)$ 的变化范围, 使最优基不变.

x_1, x_2 是非基变量, 因原问题求最大, 标准化后求最小, 目标函数系数为原来相反数. 因而, 我们有 $\Delta(-c_1) \geqslant -4$, $-c_1$ 的变化范围为 $[-13, +\infty]$, 故 c_1 的变化范围为 $(-\infty, 13]$.

$\Delta(-c_2) \geqslant -\dfrac{2}{3}$, $-c_2$ 的变化范围为 $\left[-8\dfrac{2}{3}, +\infty\right)$, c_2 的变化范围为 $\left(-\infty, 8\dfrac{2}{3}\right]$.

x_3, x_4 为基变量, 先考虑 c_3, 我们有

$$\max\left\{-\infty, \frac{\frac{4}{3}}{-\frac{1}{2}}, \frac{\frac{2}{3}}{-\frac{1}{3}}, \frac{\frac{13}{3}}{-\frac{1}{6}}\right\} \leqslant \Delta(-c_3) \leqslant \min\left\{+\infty, \frac{\frac{10}{3}}{\frac{4}{3}}\right\},$$

即 $-2 \leqslant \Delta(-c_3) \leqslant \dfrac{5}{2}$, $-c_3$ 的变化范围为 $\left[-52, -47\dfrac{1}{2}\right]$, c_3 的变化范围 $\left[47\dfrac{1}{2}, 52\right]$.

再考虑 c_4, 我们有

$$\max\left\{-\infty, \frac{\frac{10}{3}}{-\frac{10}{3}}\right\} \leqslant \Delta(-c_4) \leqslant \min\left\{+\infty, \frac{4}{2}, \frac{\frac{2}{3}}{\frac{4}{3}}, \frac{\frac{13}{3}}{\frac{3}{2}}\right\},$$

即 $-1 \leqslant \Delta(-c_4) \leqslant \dfrac{1}{2}$, $-c_4$ 的变化范围为 $\left[-20, -18\dfrac{1}{2}\right]$, c_4 的变化范围为 $\left[18\dfrac{1}{2}, 20\right]$.

二、约束条件的常数项的灵敏度分析

这里我们只讨论原问题中约束条件均为不等式的情况，此时标准化后，有 m 个松弛变量，约束矩阵中相应的列为单位向量或负单位向量．我们很容易从单纯形表中得到相应的 B^{-1}，当第 j 个松弛变量相应列为单位向量时 B^{-1} 中第 j 列为 Y_{n+j}，当第 j 个松弛变量相应列为负单位向量时，B^{-1} 中第 j 列为 $-Y_{n+j}$．

我们同样考虑两类问题，一类是讨论 b 中有一个或几个量改变时，最优解的变化情况．因为 b 的改变对检验数无影响，只影响表中约束矩阵的常数项．因而从最后单纯形表中找到相应的 B^{-1}，计算改变后 b^* 相应的 $B^{-1}b^*$，若均为非负数，它是最优解，否则用对偶单纯形法找相应最优解．

第二类问题是讨论 b_k(此时其余 b_i 不变) 在什么范围变化时，最优基不变即基变量组成不变．我们先讨论原问题中约束条件均为 "$\leqslant$" 约束，此时最后一张表中相应 $B^{-1} = (Y_{n+1}, Y_{n+2}, \cdots, Y_{n+m})$．记 Δb_k 为 b_k 的改变量，即 $\Delta b_k = b_k^* - b_k$，其中 b_k^* 为变动后的值．最后一张表右侧为 $\overline{b}_i(i = 1, 2, \cdots, m)$，改变后的 b 记为 b^*，则

$$b = (b_1, \cdots, b_k, \cdots, b_m)^{\mathrm{T}}, \; b^* = (b_1, \cdots, b_k^*, \cdots, b_m)^{\mathrm{T}}, \; B^{-1}b = \overline{b} = (\overline{b}_1, \overline{b}_2, \cdots, \overline{b}_m)^{\mathrm{T}},$$

$$\begin{aligned} B^{-1}b^* &= B^{-1}b + B^{-1}(b^* - b) \\ &= (\overline{b}_1, \overline{b}_2, \cdots, \overline{b}_m)^{\mathrm{T}} + (Y_{n+1}, \cdots, Y_{n+m})(0, \cdots, 0, \Delta b_k, 0, \cdots, 0)^{\mathrm{T}} \\ &= \overline{b} + Y_{n+k}\Delta b_k \geqslant 0, \end{aligned}$$

所以必须有

$$\overline{b}_i + y_{i,n+k}\Delta b_k \geqslant 0.$$

若 $y_{i,n+k} > 0$，$\Delta b_k \geqslant \dfrac{-\overline{b}_i}{y_{i,n+k}}$；当 $y_{i,n+k} < 0$，$\Delta b_k \leqslant \dfrac{-\overline{b}_i}{y_{i,n+k}}$．因此我们有

$$\max\left\{-\infty, \dfrac{-\overline{b}_i}{y_{i,n+k}}|y_{i,n+k} > 0\right\} \leqslant \Delta b_k \leqslant \min\left\{+\infty, \dfrac{-\overline{b}_i}{y_{i,n+k}}|y_{i,n+k} < 0\right\}.$$

当第 k 个约束条件为 "$\geqslant$" 约束时，B^{-1} 中相应第 k 列为 $-Y_{n+k}$，则在上述公式中，将 Δb_k 改为 $-\Delta b_k$ 即可．

例 2.8　在例 2.7 问题中，当材料甲的限量由 18 公斤增加到 24 公斤，材料乙的限量由 3 公斤增加到 6 公斤时，最优解有什么变化？又材料的限量在什么范围内变化时最优基不变？

解　(1) 在最后一张表中

$$B^{-1} = \begin{pmatrix} \dfrac{2}{3} & -\dfrac{10}{3} \\ -\dfrac{1}{6} & \dfrac{4}{3} \end{pmatrix},$$

故

$$B^{-1}b^* = \begin{pmatrix} \dfrac{2}{3} & -\dfrac{10}{3} \\ -\dfrac{1}{6} & \dfrac{4}{3} \end{pmatrix} \begin{pmatrix} 24 \\ 6 \end{pmatrix} = \begin{pmatrix} -4 \\ 4 \end{pmatrix},$$

第一个分量为负, 得单纯形表

	x_1	x_2	x_3	x_4	x_5	x_6	
x_4	2	$\dfrac{4}{3}$	0	1	$\dfrac{2}{3}$	$-\dfrac{10}{3}*$	-4
x_3	$-\dfrac{1}{2}$	$-\dfrac{1}{3}$	1	0	$-\dfrac{1}{6}$	$\dfrac{4}{3}$	4
	4	$\dfrac{2}{3}$	0	0	$\dfrac{13}{3}$	$\dfrac{10}{3}$	
x_6	$-\dfrac{3}{5}$	$-\dfrac{2}{5}$	0	$-\dfrac{3}{10}$	$-\dfrac{1}{5}$	1	$\dfrac{6}{5}$
x_3	$\dfrac{3}{10}$	$\dfrac{1}{5}$	1	$\dfrac{2}{5}$	$\dfrac{1}{10}$	0	$\dfrac{12}{5}$
	6	2	0	1	5	0	

已得最优解, 应生产 C 类产品 2.4 万件, 利润 120 万元.

(2) 现在求 b 的变化范围使最优基不变. 根据表 2.10 中 x_5 所在列得

$$\max\left\{-\infty, \dfrac{-2}{\dfrac{2}{3}}\right\} \leqslant \Delta b_1 \leqslant \min\left\{+\infty, \dfrac{-1}{-\dfrac{1}{6}}\right\},$$

所以 $-3 \leqslant \Delta b_1 \leqslant 6, b_1$ 的变化范围 $[15, 24]$. 根据表 2.10 中 x_6 所在列得

$$\max\left\{-\infty, \dfrac{-1}{\dfrac{4}{3}}\right\} \leqslant \Delta b_2 \leqslant \min\left\{+\infty, \dfrac{-2}{-\dfrac{10}{3}}\right\},$$

即 $-\dfrac{3}{4} \leqslant \Delta b_2 \leqslant \dfrac{3}{5}, b_2$ 的变化范围 $\left[2\dfrac{1}{4}, 3\dfrac{3}{5}\right]$.

三、添加新变量时的灵敏度分析

增加一个新的变量 x_{n+m+1}, 相应的约束矩阵中列向量为 A_{n+m+1}, 目标函数中系数 c_{n+m+1}, 此时要求出最优解的变化, 只需由最后一张表中 B^{-1} 求出相应的 $Y_{n+m+1} = B^{-1}A_{n+m+1}$ 及检验数 $\lambda_{n+m+1} = c_{n+m+1} - c_B Y_{n+m+1}$. 若 $\lambda_{n+m+1} \geqslant 0$,

最优解不变. 若 $\lambda_{n+m+1} < 0$, 用单纯形法求出最优解即可. 但在实际问题中增加新的变量常常反映为增加一种新产品, 更实际的问题是求 c_{n+m+1} 的取值范围, 使 x_{n+m+1} 成为基变量, 即此种产品可以投产, 只要由 $\lambda_{n+m+1} < 0$, 求出 c_{n+m+1} 的范围即可.

例 2.9 例 2.7 中某工厂考虑引进新产品 E. 已知生产 E 产品 1 万件要消耗材料甲 3 公斤和材料乙 1 公斤, 当产品 E 的利润为 17 万元时, 最优解如何变化? 又 E 的利润至少有多少时才能投产?

解 (1) 设产品 E 的产量为 x_7, 相应有

$$A_7 = \begin{pmatrix} 3 \\ 1 \end{pmatrix}, \qquad c_7 = 17,$$

$$Y_7 = B^{-1}A_7 = \begin{pmatrix} \dfrac{2}{3} & -\dfrac{10}{3} \\ -\dfrac{1}{6} & \dfrac{4}{3} \end{pmatrix} \begin{pmatrix} 3 \\ 1 \end{pmatrix} = \begin{pmatrix} -\dfrac{4}{3} \\ \dfrac{5}{6} \end{pmatrix},$$

$$\lambda_7 = (-c_7) - c_B Y_7 = (19, 50)\begin{pmatrix} -\dfrac{4}{3} \\ \dfrac{5}{6} \end{pmatrix} - 17 = -\dfrac{2}{3} < 0,$$

得单纯形表 2.12.

表 2.12

	x_1	x_2	x_3	x_4	x_5	x_6	x_7	
x_4	2	$\dfrac{4}{3}$	0	1	$\dfrac{2}{3}$	$-\dfrac{10}{3}$	$-\dfrac{4}{3}$	2
x_3	$-\dfrac{1}{2}$	$-\dfrac{1}{3}$	1	0	$-\dfrac{1}{6}$	$\dfrac{4}{3}$	$\dfrac{5}{6}*$	1
	4	$\dfrac{2}{3}$	0	0	$\dfrac{13}{3}$	$\dfrac{10}{3}$	$-\dfrac{2}{3}$	
x_4	$\dfrac{6}{5}$	$\dfrac{4}{5}$	$\dfrac{8}{5}$	1	$\dfrac{2}{5}$	$-\dfrac{6}{5}$	0	$\dfrac{18}{5}$
x_7	$-\dfrac{3}{5}$	$-\dfrac{2}{5}$	$\dfrac{6}{5}$	0	$-\dfrac{1}{5}$	$\dfrac{8}{5}$	1	$\dfrac{6}{5}$
	$\dfrac{18}{5}$	$\dfrac{2}{5}$	$\dfrac{4}{5}$	0	$\dfrac{21}{5}$	$\dfrac{22}{5}$	0	

新的最优解为生产 D 产品 3.6 万件, E 产品 1.2 万件, 利润 88.8 万元.

(2) 因为

$$\lambda_7 = (-c_7) - c_B Y_7 = -c_7 - (-19, -50)\begin{pmatrix} -\dfrac{4}{3} \\ \dfrac{5}{6} \end{pmatrix} = -c_7 + \dfrac{49}{3} < 0,$$

所以 $c_7 > \dfrac{49}{3}$. 则生产 E 每一万件的利润至少要大于 $\dfrac{49}{3}$ 万元时才能考虑投产.

四、增加一个新的约束条件时的灵敏度分析

我们这里只考虑增加一个不等式约束的情况, 则相应增加一个松弛变量, 此时不管 "$\geqslant$" 或 "$\leqslant$" 约束, 都使增加的列为单位向量, 将这新的一行一列加到最后一张表中, 用初等行变换使新的一行中相应于基变量的系数为 0, 若此时 $\bar{b}_{m+1}$ 非负, 则原问题最优解不变; 否则用对偶单纯形法求新的最优解.

例 2.10　在例 2.7 中假设某工厂又新增用电不能超过 8 千瓦的限制, 而生产 A 、 B 、 C 、 D 四种产品各一万件分别需要用电 4 千瓦、 3 千瓦、 5 千瓦、 2 千瓦. 问是否需要改变原来的最优方案?

解　此时相当于增加一个约束条件

$$4x_1 + 3x_2 + 5x_3 + 2x_4 \leqslant 8.$$

引进松弛变量 x_7 化成标准形

$$4x_1 + 3x_2 + 5x_3 + 2x_4 + x_7 = 8,$$

得单纯形表 2.13.

表 2.13

	x_1	x_2	x_3	x_4	x_5	x_6	x_7	
x_4	2	$\dfrac{4}{3}$	0	1	$\dfrac{2}{3}$	$-\dfrac{10}{3}$	0	2
x_3	$-\dfrac{1}{2}$	$-\dfrac{1}{3}$	1	0	$-\dfrac{1}{6}$	$\dfrac{4}{3}$	0	1
x_7	4	3	5	2	0	0	1	8
	4	$\dfrac{2}{3}$	0	0	$\dfrac{13}{3}$	$\dfrac{10}{3}$	0	
x_4	2	$\dfrac{4}{3}$	0	1	$\dfrac{2}{3}$	$-\dfrac{10}{3}$	0	2
x_3	$-\dfrac{1}{2}$	$-\dfrac{1}{3}$	1	0	$-\dfrac{1}{6}$	$\dfrac{4}{3}$	0	1
x_7	$\dfrac{5}{2}$	2	0	0	$-\dfrac{1}{2}*$	0	1	-1
	4	$\dfrac{2}{3}$	0	0	$\dfrac{13}{3}$	$\dfrac{10}{3}$	0	

续表

	x_1	x_2	x_3	x_4	x_5	x_6	x_7	
x_4	$\dfrac{16}{3}$	4	0	1	0	$-\dfrac{10}{3}$	$\dfrac{4}{3}$	$\dfrac{2}{3}$
x_3	$-\dfrac{4}{3}$	-1	1	0	0	$\dfrac{4}{3}$	$-\dfrac{1}{3}$	$\dfrac{4}{3}$
x_5	-5	-4	0	0	1	0	-2	2
	$\dfrac{77}{3}$	18	0	0	0	$\dfrac{10}{3}$	$\dfrac{26}{3}$	

新的最优解是生产 C 产品 $\dfrac{4}{3}$ 万件, D 产品 $\dfrac{2}{3}$ 万件, 利润 $79\dfrac{1}{3}$ 万元.

五、影子价格

设有一企业用 m 种资源生产 n 种产品, 已知产品 j 的单位销售价格为 c_j ($j = 1, 2, \cdots, n$), 第 i 种资源的供应额为 b_i ($i = 1, 2, \cdots, m$), 生产单位数量的 j 产品所消耗的 i 种资源为 a_{ij}, 那么企业为获得最大销售收入, 每种产品应生产多少?

用 x_j 表示第 j 种产品的产量, 可建立线性规划模型 LP 为

$$\max \quad \sum_{j=1}^{n} c_j x_j,$$
$$\text{s.t.} \quad \sum_{j=1}^{n} a_{ij} x_j \leqslant b_i \qquad (i = 1, 2, \cdots, m),$$
$$x_j \geqslant 0 \qquad (j = 1, 2, \cdots, n).$$

其对偶规划 LD 为

$$\min \quad \sum_{i=1}^{m} b_i w_i,$$
$$\text{s.t.} \quad \sum_{i=1}^{m} a_{ij} w_i \geqslant c_i \qquad (j = 1, 2, \cdots, n),$$
$$w_i \geqslant 0 \qquad (i = 1, 2, \cdots, m).$$

设原规划及其对偶规划的最优解分别为 x^*, w^*, 最优值 $z^* = \sum_{j=1}^{n} c_j x_j^* = \sum_{i=1}^{m} b_i w_i^*$, 当 b_i 发生变化时 (在灵敏度范围内), $\dfrac{\partial z^*}{\partial b_i} = w_i^*$, 即当第 i 种资源供应增加一单位时, 企业的最大销售收入增加 w_i^*, 称 w_i^* 为 **第 i 种资源的影子价格**, $w^* = (w_1^*, w_2^*, \cdots, w_m^*)$ 为 **影子价格向量**.

当第 i 种资源的影子价格大于市场价格时, 应增加该资源的供应量, 可使利润增加; 当影子价格小于市场价格时, 出现多做多赔的情形, 应出售这种资源, 即减少该资源的供应量. 随着资源的买进卖出, 影子价格也将变化 (当超过灵敏度分析所得范围时, 最优基将改变), 一直到影子价格与市场价格保持同等水平时, 才处于平衡状态. 当某种资源的影子价格为 0 时, 原问题中相应的约束为不等式约束, 说明该种资源未得到充分利用, 而影子价格大于 0 时, 说明该资源已充分利用.

一般说对线性规划问题的求解是确定资源的最优分配方案, 而对于对偶问题的求解是确定对资源的恰当估计. 这种估计直接涉及到资源的最有效利用. 如在一个大公司内部可借助资源的影子价格确定一些内部结算价格, 以便控制有限资源的使用和考核下属企业经营的好坏. 又如在社会上对一些紧缺资源, 借助影子价格规定使用这种资源的单位必须上缴的利润额, 以控制企业自觉地节约使用紧缺资源, 使有限资源发挥更大经济效益.

§2.5 线性规划软件简介

一、 Lindo 软件

Lindo 软件是芝加哥 LINDO 公司研制的软件, 它具有 Windows 和 Linux 下的两个版本, 采用直观的图框形式, 通过点击图标方式轻松地解决线性规划模型. LINDO 是 LINEAR INTERACTION AND DISCRETE OPTIMIZER 的缩写, 它是解线性规划模型、整数规划模型、二次规划模型的强有力的工具. 读者可从 LINDO 公司的网址 www.lindo.com 免费下载教学演示软件, 若要得到功能全面的软件, 必须购买正版软件.

下面我们以例 2.11 中的线性规划模型为例, 讲述用 Lindo 软件求解线性规划模型的过程.

例 2.11 某小型工厂要安排甲、乙两种产品的生产. 已知生产甲、乙两种产品每吨所需的原材料 A,B,C 数量如表 2.14 所示.

表 2.14

	甲	乙	资源数量 / 吨
原材料 A	1	1	50
原材料 B	4	0	160
原材料 C	2	5	200

甲、乙两种产品每吨利润分别为 3 百元和 2 百元. 试问应如何安排生产可获得最大利润? 试用 Lindo 软件求该线性规划模型的最优解.

解 建立线性规划模型

$$\max \quad L = 3x + 2y,$$
$$\text{s.t.} \quad x + y \leqslant 50,$$
$$4x \leqslant 160,$$
$$2x + 5y \leqslant 200,$$
$$x, y \geqslant 0.$$

安装好 Lindo 软件后, 在桌面上双击 Lindo 图标, 得到一个空白图框. 然后在空白框中输入求解问题

$$\max \quad 3x + 2y$$
$$\text{s.t.} \quad x + y <= 50$$
$$4x <= 160$$
$$2x + 5y <= 200$$
$$x >= 0$$
$$y >= 0$$
$$\text{END}$$

在下拉菜单 [Solve] 中单击命令 Solve 或直接用快捷组合键 < Ctrl > + < S >, 即可求解. 在出现图 2.3 时, 若不需要灵敏度分析, 选择 < 否 (N) >, 则得到有关结论 (图 2.4).

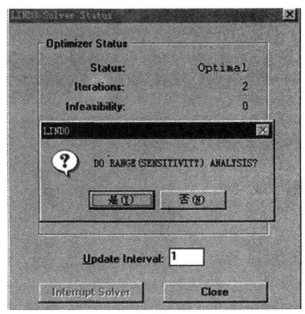

图 2.3

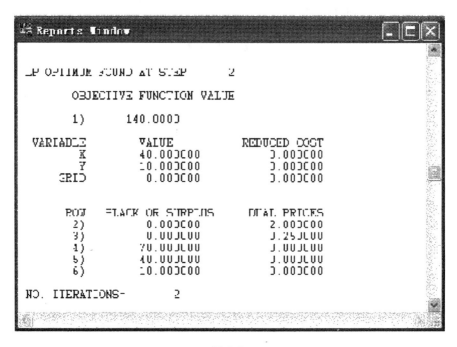

图 2.4

图 2.4 中的"1) 140.0000"表示最优目标值为 140, 最优解: $x=40, y=10$.

Lindo 软件还可对线性规划模型进行灵敏度分析, 它对应用线性规划模型解决实际问题十分有用. 若对刚才的例子进行灵敏度分析, 则得到图 2.5 的信息.

图 2.5 中的信息说明:

(1) 目标函数 x 的系数 (OBJ COEFFICIENT RANGES, 即甲产品的每吨利润) 为 3, 可减少 1, 可无限增加; y 的系数 (即乙产品的每吨利润) 为 2, 可减少 2, 可增加 1.

(2) 第一个约束条件右边数值 (RIGHTHAND SIDE RANGES, 即原材料 A 数量) 为 50, 可减少 10, 可增加 14; 第二个约束条件右边数值 (即原材料 B 数量) 为 160, 可减少 93.333336, 可增加 40; 第三个约束条件右边数值 (即原材料 C 数量) 为 200, 可减少 70, 可增加无限.

(3) 三种原材料的对偶价格 (又称影子价格: DUAL PRICES) 分别为 2, 0.25 和 0.

由灵敏度分析的结果, 我们可以得到: 当产品甲的每吨利润从 2 百元起增加, 直至无穷 (其他条件均不变化), 原先的最优解仍为最优解; 当产品乙的每吨利润从 0 元起增加, 直至 3 百元, 原先的最优解仍为最优解; 原材料 A 的数量在 50−10 到 50+14 之间, 即从 40 ∼ 64 之间变化, 每增加 1 吨, 利润将增加 2 百元 (A 的影子价格), 由此可见, 如果原材料 A 的价格低于 2 百元时, 增加原材料 A 的数量就会增加利润; 原材料 B 的数量在 160−93.333336 到 160+40 之间变化, 每增加 1 吨, 利润将增加 0.25 百元 (B 的影子价格); 原材料 C 的数量在 200−70 增加到无限, 每增加 1 吨, 利润将增加 0 元 (C 的影子价格), 原因是原材料 C 的数量最多用掉 130 吨, 多增加将不会增加利润.

```
Reports Window                                    - □ ×
LP OPTIMUM FOUND AT STEP        2

         OBJECTIVE FUNCTION VALUE

   1)      140.0000

VARIABLE          VALUE          REDUCED COST
     X         40.000000          0.000000
     Y         10.000000          0.000000
  GRID          0.000000          0.000000


     ROW    SLACK OR SURPLUS    DUAL PRICES
     2)         0.000000          2.000000
     3)         0.000000          0.250000
     4)        70.000000          0.000000
     5)        40.000000          0.000000
     6)        10.000000          0.000000

NO. ITERATIONS=        2


RANGES IN WHICH THE BASIS IS UNCHANGED:

                     OBJ COEFFICIENT RANGES
VARIABLE          CURRENT       ALLOWABLE       ALLOWABLE
                    COEF        INCREASE        DECREASE
     X           3.000000       INFINITY        1.000000
     Y           2.000000       1.000000        2.000000
  GRID           0.000000       0.000000        INFINITY

                     RIGHTHAND SIDE RANGES
  ROW            CURRENT        ALLOWABLE       ALLOWABLE
                    RHS         INCREASE        DECREASE
    2           50.000000      14.000000       10.000000
    3          160.000000      40.000000       93.333336
    4          200.000000      INFINITY        70.000000
    5            0.000000      40.000000       INFINITY
    6            0.000000      10.000000       INFINITY
```

图 2.5

二、 Matlab 程序

为了便于说明问题, 我们还是用以例 2.11 中的模型为例, 编写 Matlab 程序求解线性规划模型. 在这里要求线性规划模型为求目标函数的最小值. 例 2.11 中的模型目标函数为 $\max L = 3x + 2y$ 可转化为 $\min(-L) = -3x - 2y$. 用 f 表示目标函数的系数向量, 用 a 表示约束矩阵, 用 b 表示右边向量. 在 Matlab 界面下输入

$$f = [-3, -2]$$
$$a = [1 \ 1; 4 \ 0; 2 \ 5]$$
$$b = [50, 160, 200]$$
$$x = lp(f, a, b)$$

则得最优解

$$x =$$
$$40.0000$$
$$10.0000$$

注意：用 Matlab 求解线性规划时，默认所用变量都是非负的.

讨论、思考题

1. 试讨论什么形式的线性规划一定有单位子方阵作为正则基？

2. 如线性规划原问题有无穷多最优解，则对偶规划有多少个最优解？

3. 能否从线性规划问题的最优单纯形表中得到对偶线性规划问题的检验数？如能，试举例说明.

参考文献

1   Bazaraa M S, Jarvis J J. Linear Programming and network flows. John Wiley & Sons, Inc. 1977

2   运筹学教材编写组. 运筹学 (修订版). 清华大学出版社，1990

3   胡运权. 运筹学教程. 清华大学出版社，1998

习   题

1. 写出下列线性规划问题的对偶问题

(1)
$$\max \quad z = 10x_1 + x_2 + 2x_3,$$
$$\text{s.t.} \quad x_1 + x_2 + 2x_3 \leqslant 10,$$
$$4x_1 + x_2 + x_3 \leqslant 20,$$
$$x_1, x_2, x_3 \geqslant 0.$$

(2)
$$\max \quad z = 2x_1 + x_2 + 3x_3 + x_4,$$
$$\text{s.t.} \quad x_1 + x_2 + x_3 + x_4 \leqslant 5,$$
$$2x_1 - x_2 + 3x_3 = -4,$$
$$x_1 - x_3 + x_4 \geqslant 1,$$
$$x_1, x_3 \geqslant 0, x_2, x_4 无约束.$$

(3)
$$\min \quad z = 3x_1 + 2x_2 - 3x_3 + 4x_4,$$
$$\text{s.t.} \quad x_1 - 2x_2 + 3x_3 + 4x_4 \leqslant 3,$$
$$x_2 + 3x_3 + 4x_4 \geqslant -5,$$
$$2x_1 - 3x_2 - 7x_3 - 4x_4 = 2,$$
$$x_1 \geqslant 0, x_4 \leqslant 0, x_2, x_3 无约束.$$

(4)
$$\min \quad z = -5x_1 - 6x_2 - 7x_3,$$
$$\text{s.t.} \quad -x_1 + 5x_2 - 3x_3 \geqslant 15,$$
$$-5x_1 - 6x_2 + 10x_3 \leqslant 20,$$
$$x_1 - x_2 - x_3 = -5,$$
$$x_1 \leqslant 0, x_2 \geqslant 0, x_3 无约束.$$

2. 已知线性规划问题
$$\max \quad z = x_1 + x_2,$$
$$\text{s.t.} \quad -x_1 + x_2 + x_3 \leqslant 2,$$
$$-2x_1 + x_2 - x_3 \leqslant 1,$$
$$x_1, x_2, x_3 \geqslant 0.$$

试应用对偶理论证明上述线性规划问题无最优解.

3. 已知下表 (表 1) 为求解某线性规划问题的最终单纯形表, 表中 x_4, x_5 为松弛变量, 原问题的约束为 "$\leqslant$" 形式.

表 1

	x_1	x_2	x_3	x_4	x_5	
x_3	0	$\frac{1}{2}$	1	$\frac{1}{2}$	0	$\frac{5}{2}$
x_1	1	$-\frac{1}{2}$	0	$-\frac{1}{6}$	$\frac{1}{3}$	$\frac{5}{2}$
	0	4	0	4	2	

(1) 写出原线性规划问题;

(2) 写出原问题的对偶问题;

(3) 直接由表 1, 写出对偶问题的最优解.

4. 已知线性规划问题
$$\min \quad z = 2x_1 - x_2 + 2x_3,$$
$$\text{s.t.} \quad -x_1 + x_2 + x_3 = 4,$$
$$-x_1 + x_2 - kx_3 \leqslant 6,$$
$$x_1 \leqslant 0, x_2 \geqslant 0, x_3 无约束.$$

其最优解为 $x_1 = -5, x_2 = 0, x_3 = -1$.

(1) 求 k 的值;

(2) 写出对偶规划并求其最优解.

5. 写出下列线性规划的对偶规划, 用图解法求出对偶规划的最优解, 再利用互补松弛定理求出原问题最优解.

(1)
$$\min \quad z = 2x_1 + x_2 + 2x_3,$$
$$\text{s.t.} \quad x_1 + x_2 - x_3 \geqslant 2,$$
$$2x_1 + x_2 + 4x_3 \geqslant 1,$$
$$x_1, x_2, x_3 \geqslant 0.$$

(2)
$$\min \quad z = 2x_1 + 3x_2 + 5x_3 + 6x_4,$$
$$\text{s.t.} \quad x_1 + 2x_2 + 3x_3 + x_4 \geqslant 2,$$
$$-2x_1 + x_2 - x_3 + 3x_4 \leqslant -3,$$
$$x_1, x_2, x_3, x_4 \geqslant 0.$$

(3)
$$\max \quad z = -4x_1 - 2x_2 + 3x_3 + 2x_4,$$
$$\text{s.t.} \quad -x_1 + 2x_2 + x_3 + 2x_4 \leqslant 3,$$
$$x_1 + x_2 - 3x_3 - x_4 \geqslant 1,$$
$$x_1, x_2, x_3, x_4 \geqslant 0.$$

6. 已知线性规划问题
$$\max \quad z = 5x_1 + 3x_2 + 6x_3,$$
$$\text{s.t.} \quad x_1 + 2x_2 + x_3 \leqslant 18,$$
$$2x_1 + x_2 + 3x_3 = 16,$$
$$x_1 + x_2 + x_3 = 10,$$
$$x_1, x_2 \geqslant 0, x_3 无约束.$$

(1) 写出其对偶问题;

(2) 已知原问题用两阶段法求解时得到的最终单纯形表如表 2 所示. 试写出其对偶问题的最优解, 其中 $x_3 = x_3' - x_3''$.

表 2

	x_1	x_2	x_3'	x_3''	x_4	
x_4	0	1	0	0	1	8
x_1	1	2	0	0	0	14
x_3''	0	1	-1	1	0	4
	0	1	0	0	0	

7. 已知线性规划问题

$$\min \quad z = 15x_1 + 33x_2,$$
$$\text{s.t.} \quad 3x_1 + 2x_2 - x_3 = 6,$$
$$6x_1 + x_2 - x_4 = 6,$$
$$x_2 - x_5 = 1,$$
$$x_j \geqslant 0 \quad (j = 1, \cdots, 5).$$

(1) 写出其对偶问题;

(2) 已知原问题用两阶段法求解时得到的最终单纯形表如表 3 所示.

表 3

	x_1	x_2	x_3	x_4	x_5	
x_4	0	0	-2	1	3	3
x_1	1	0	$-\dfrac{1}{3}$	0	$\dfrac{2}{3}$	$\dfrac{4}{3}$
x_2	0	1	0	0	-1	1
	0	0	5	0	23	

试写出其对偶问题的最优解.

8. 用对偶单纯形法求解下列线性规划问题.

(1)

$$\min \quad z = 2x_1 + 3x_2 + 4x_3,$$
$$\text{s.t.} \quad x_1 + 2x_2 + x_3 \geqslant 3,$$
$$2x_1 - x_2 + 3x_3 \geqslant 4,$$
$$x_1, x_2, x_3 \geqslant 0.$$

(2)

$$\min \quad z = 4x_1 + 12x_2 + 18x_3,$$
$$\text{s.t.} \quad x_1 + 3x_3 \geqslant 3,$$
$$2x_2 + 2x_3 \geqslant 5,$$
$$x_1, x_2, x_3 \geqslant 0.$$

(3)

$$\min \quad z = 3x_1 + 2x_2 + x_3,$$
$$\text{s.t.} \quad x_1 + x_2 + x_3 \leqslant 6,$$
$$x_1 - x_3 \geqslant 4,$$
$$x_2 - x_3 \geqslant 3,$$
$$x_1, x_2, x_3 \geqslant 0.$$

(4)

$$\min \quad z = 5x_1 + 2x_2 + 4x_3,$$
$$\text{s.t.} \quad 3x_1 + x_2 + 2x_3 \geqslant 4,$$
$$6x_1 + 3x_2 + 5x_3 \geqslant 10,$$
$$x_1, x_2, x_3 \geqslant 0.$$

9. 已知线性规划问题

$$\max \quad z = 10x_1 + 5x_2,$$
$$\text{s.t.} \quad 3x_1 + 4x_2 \leqslant 9,$$
$$5x_1 + 2x_2 \leqslant 8,$$
$$x_1, x_2 \geqslant 0.$$

用单纯形法求得最终单纯形表如表 4 所示.

试用灵敏度分析的方法分别判断

(1) 目标函数系数 c_1 或 c_2 分别在什么范围内变动, 上述最优解不变?

(2) 约束条件右端项 b_1, b_2 当一个保持不变, 另一个在什么范围内变化时, 上述最优基保持不变?

(3) 模型的目标函数变为 $\max z = 12x_1 + 4x_2$ 时上述最优解的变化.

(4) 约束条件右端项由 $\begin{pmatrix} 9 \\ 8 \end{pmatrix}$ 变为 $\begin{pmatrix} 11 \\ 19 \end{pmatrix}$ 时上述最优解的变化.

表 4

	x_1	x_2	x_3	x_4	
x_2	0	1	$\dfrac{5}{14}$	$-\dfrac{3}{14}$	$\dfrac{3}{2}$
x_1	1	0	$-\dfrac{1}{7}$	$\dfrac{2}{7}$	1
	0	0	$\dfrac{5}{14}$	$\dfrac{25}{14}$	

10. 线性规划问题

$$\max \quad z = 2x_1 - x_2 + x_3,$$
$$\text{s.t.} \quad x_1 + x_2 + x_3 \leqslant 6,$$
$$-x_1 + 2x_2 \leqslant 4,$$
$$x_1, x_2, x_3 \geqslant 0.$$

用单纯形法求解得最终单纯形表如表 5 所示.

表 5

	x_1	x_2	x_3	x_4	x_5	
x_1	1	1	1	1	0	6
x_5	0	3	1	1	1	10
	0	3	1	2	0	

试说明分别发生下列变化时, 新的最优解是什么?

(1) 目标函数变为 $\max z = 2x_1 + 3x_2 + x_3$;

(2) 约束条件右端项由 $\begin{pmatrix} 6 \\ 4 \end{pmatrix}$ 变为 $\begin{pmatrix} 3 \\ 4 \end{pmatrix}$;

(3) 添加一个新的约束 $-x_1 + 2x_3 \geqslant 2$.

11. 已知线性规划问题

$$\max \quad z = (c_1 + t_1)x_1 + c_2x_2 + c_3x_3,$$
$$\text{s.t.} \quad a_{11}x_1 + a_{12}x_2 + a_{13}x_3 + x_4 = b_1 + 3t_2,$$
$$a_{21}x_1 + a_{22}x_2 + a_{23}x_3 + x_5 = b_2 + t_2,$$
$$x_j \geqslant 0 \quad (j = 1, \cdots, 5).$$

当 $t_1 = t_2 = 0$ 时, 求解得最终单纯形表见表 6.

表 6

	x_1	x_2	x_3	x_4	x_5	
x_3	0	$\frac{1}{2}$	1	$\frac{1}{2}$	0	$\frac{5}{2}$
x_1	1	$-\frac{1}{2}$	0	$-\frac{1}{6}$	$\frac{1}{3}$	$\frac{5}{2}$
	0	4	0	4	2	

(1) 确定 $c_1, c_2, c_3, a_{11}, a_{12}, a_{13}, a_{21}, a_{22}, a_{23}, b_1, b_2$ 的值;

(2) 当 $t_2 = 0$ 时, t_1 在什么范围内变化上述最优解不变?

(3) 当 $t_1 = 0$ 时, t_2 在什么范围内变化上述最优基不变?

12. 某工厂生产甲、乙、丙三种产品, 已知有关数据如表 7 所示, 试分别回答下列问题.

表 7

	甲	乙	丙	原料拥有量
A	6	3	5	45
B	3	4	5	30
单位利润	4	1	5	

(1) 建立线性规划模型，求使该厂获利最大的生产计划；

(2) 若产品乙、丙的单件利润不变，则产品甲的利润在什么范围内变化时，上述最优解不变？

(3) 若有一种新产品丁，其原料消耗定额：A 为 3 单位，B 为 2 单位，单件利润为 2.5 单位. 问该种产品是否值得安排生产，并求新的最优计划；

(4) 若原料 A 市场紧缺，除现拥有量外一时无法购进，而原料 B 如数量不足可去市场购买，单价为 0.5，问该厂应否购买，应购进多少为宜？

(5) 由于某种原因该厂决定暂停甲产品的生产，试重新确定该厂的最优生产计划.

第 3 章　运输问题

运输问题是线性规划中的特殊问题, 它的数学模型有着特殊的结构, 因此有简便的解法. 本章着重介绍专门解决运输问题的表上作业法.

§3.1　运输问题的模型及特点

运输问题的模型来源于这一类问题: 设某种货物有 m 个产地 $A_1, A_2, \cdots, A_m$, 产量分别为 $a_1, a_2, \cdots, a_m$; 另外有 n 个销地 $B_1, B_2, \cdots, B_n$, 销量分别为 $b_1, b_2, \cdots, b_n$. 又假设产销平衡, 即

$$\sum_{i=1}^{m} a_i = \sum_{j=1}^{n} b_j.$$

此外, 由产地 A_i 向销地 B_j 运输的单价为 c_{ij}. 问应该如何调运这种货物才能使总运费最小?

首先设 x_{ij} 为由产地 A_i 向销地 B_j 调运货物的数量, 则得该模型为

$$
\begin{aligned}
\min \quad & z = \sum_{i=1}^{m} \sum_{j=1}^{n} c_{ij} x_{ij}, \\
\text{s.t.} \quad & \sum_{j=1}^{n} x_{ij} = a_i \quad (i = 1, 2, \cdots, m), \\
& \sum_{i=1}^{m} x_{ij} = b_j \quad (j = 1, 2, \cdots, n), \\
& x_{ij} \geqslant 0 \quad \left(\sum_{i=1}^{m} a_i = \sum_{j=1}^{n} b_j \right).
\end{aligned}
$$

当产销平衡时, 我们称该运输问题为 **平衡运输问题**. 下文首先对平衡运输问题进行讨论.

运输问题是线性规划的一种特殊情况, 自然也可以用单纯形法求解, 但当 m, n 较大时, 问题中的变量数为 $m \cdot n$, 约束数为 $m + n$, 都非常大, 对计算带来许多困难. 在此我们介绍表上作业法来解运输问题, 其基本思想与单纯形法一致: 首先找初始基可行解, 然后计算检验数, 当所有检验数均大于或等于 0 时, 得到最优解, 否则继续找新的基可行解.

下面首先对运输问题模型的特点进行分析.

设

$$x = (x_{11}, x_{12}, \cdots, x_{1n}, x_{21}, x_{22}, \cdots, x_{2n}, \cdots, x_{mn})^{\mathrm{T}},$$
$$c = (c_{11}, c_{12}, \cdots, c_{1n}, c_{21}, c_{22}, \cdots, c_{2n}, \cdots, c_{mn}),$$
$$A = (a_{11}, a_{12}, \cdots, a_{1n}, a_{21}, a_{22}, \cdots, a_{2n}, \cdots, a_{mn}),$$
$$b = (a_1, a_2, \cdots, a_m, b_1, b_2, \cdots, b_n)^{\mathrm{T}}.$$

其中 $a_{ij} = e_i + e_{m+j}$, 而 e_i 是 $\mathbf{R}^{m+n}$ 中第 i 轴上的单位向量, e_{m+j} 是第 $m+j$ 轴上的单位向量. 按上述符号, 运输问题的模型可写成如下线性规划标准形 LP1

LP1
$$\min \quad cx,$$
$$\text{s.t.} \quad Ax = b,$$
$$x \geqslant 0.$$

其中 A 是 $(m+n) \times mn$ 矩阵, 也可表示成

$$A = \begin{pmatrix} E_1 & E_2 & \cdots & E_m \\ I_n & I_n & \cdots & I_n \end{pmatrix}.$$

式中 I_n 是 $n \times n$ 单位矩阵. E_i 是第 i 行分量全为 1 而其余分量全为零的 $m \times n$ 矩阵.

例如, 对于 $m = 2, n = 3$ 的运输问题, A 是 5×6 阶矩阵, 呈现如下形式

$$A = \begin{pmatrix} E_1 & E_2 \\ I_3 & I_3 \end{pmatrix} = \left(\begin{array}{ccc:ccc} 1 & 1 & 1 & 0 & 0 & 0 \\ 0 & 0 & 0 & 1 & 1 & 1 \\ \hdashline 1 & 0 & 0 & 1 & 0 & 0 \\ 0 & 1 & 0 & 0 & 1 & 0 \\ 0 & 0 & 1 & 0 & 0 & 1 \end{array} \right)$$

如果一个运输问题有 30 个发地, 500 个收地, 则它的数学模型中将有 530 个等式约束, 15000 个变量. 对于这个问题直接使用单纯形法求解, 将会遇到较大的困难, 因此有必要寻求简便解法. 我们首先给出一个关于平衡运输问题最优解的定理.

定理 3.1 平衡运输问题一定存在最优基可行解.

证 设总产量为 w, 即

$$w = \sum_{i=1}^{m} a_i = \sum_{j=1}^{n} b_j.$$

取 $x_{ij} = \dfrac{a_i b_j}{w}, i = 1, 2, \cdots, m; j = 1, 2, \cdots, n$. 将其代入约束条件, 可验证它是平衡运输问题的可行解. 有可行解就有基可行解. 又因为

$$0 \leqslant x_{ij} \leqslant \min\{a_i, b_j\}, \qquad i = 1, 2, \cdots, m; \qquad j = 1, 2, \cdots, n.$$

说明所有变量都是有界的, 因此该模型的可行集是有界的凸多面体, 一定存在最优基可行解. □

为了寻求简便解法, 必须研究运输问题的基的特性.

定理 3.2 平衡运输问题模型中系数矩阵 A 的秩是 $m+n-1$.

证 当 $m, n \geqslant 2$ 时, $m+n \leqslant mn$, 即约束矩阵 A 的行数小于等于列数. 因此 A 的秩 $\operatorname{rank}(A) \leqslant m+n$. 因为平衡运输问题模型中的前 m 个方程之和

$$\sum_{i=1}^{m}\sum_{j=1}^{n} x_{ij} = \sum_{i=1}^{m} a_i,$$

等于后 n 个方程之和

$$\sum_{j=1}^{n}\sum_{i=1}^{m} x_{ij} = \sum_{j=1}^{n} b_j.$$

所以 A 的 $m+n$ 个行向量线性相关. 于是 $\operatorname{rank}(A) < m+n$. 为了证明 $\operatorname{rank}(A) = m+n-1$, 只须在 A 中找到一个 $m+n-1$ 阶非奇异的子矩阵 A'. 我们删去 A 的第一行, 然后取 $x_{11}, x_{12}, \cdots, x_{1n}, x_{21}, x_{31}, \cdots, x_{m1}$ 的对应的系数矩阵的列向量, 组成子矩阵 A'

$$A' = \left[\begin{array}{c|ccc} 0 & & I_{m-1} & \\ \hline & 1 & \cdots & 1 \\ I_n & & & \\ & & 0 & \end{array}\right].$$

显然 $\operatorname{rank}(A) \geqslant \operatorname{rank}(A') = m+n-1$. □

还可以证明, 删去系数矩阵 A 的任一行, 剩余的 $m+n-1$ 行向量是线性无关的. 因此, 为了求得平衡运输问题模型的一个基本可行解, 有如下两种办法: 一种是从模型中删去任何一个等式约束, 例如, 删去最后一个; 另一种是附加一个辅助变量 ξ, 例如, 附加到最后一个等式约束上. ξ 的系数向量是 e_{m+n}. 我们将采用后一种方法分析问题.

对线性规划标准形, 在最后一个等式约束中附加辅助变量 ξ 后变为如下形式 LP2

$$\text{LP2} \qquad \begin{aligned} \min \quad & cx, \\ \text{s.t.} \quad & Ax + e_{m+n}\xi = b, \\ & x \geqslant 0, \xi \geqslant 0. \end{aligned}$$

设 x 是 LP1 的一个任意可行解, 代入 LP2 的约束条件中都有 $\xi = 0$. 考虑如下线性规划 LP3

LP3 $\min \quad cx + c_\xi \xi,$

$\text{s.t.} \quad Ax + e_{m+n}\xi = b,$

$x \geqslant 0, \xi \geqslant 0.$

其中 c_ξ 为任意常数. 通过简单验算, 可得到如下引理.

引理 3.1　$\hat{x}$ 是线性规划标准形 LP1 的可行解, 当且仅当 $\hat{x}_0 = (\hat{x}^{\mathrm{T}}, 0)^{\mathrm{T}}$ 是 LP3 的可行解, 且两者的目标函数值相等.

这个引理指出, LP3 是 LP1 的等价形式. 只要 $\hat{x}$ 是 LP1 的可行解, 在 LP3 中总有 $\xi = 0$. 但是, 我们引入 ξ 的目的是为了构成基. 因为 A 的任意 $m+n$ 个不同列向量是线性相关的, 所以 LP3 的任何一个基是由 A 的 $m+n-1$ 个线性无关列向量和 e_{m+n} 构成的. 因此, 寻求 LP3 的一个基等价于寻找 A 的 $m+n-1$ 个线性无关列向量.

下面通过一个例题进一步研究基的特性.

例 3.1　设有三个化肥加工厂 A_1, A_2, A_3, 向四个批发站 B_1, B_2, B_3, B_4 运送化肥. 发量 (吨)、收量 (吨)、运价 (元 / 吨) 等有关数据列于表 3.1 上.

表 3.1

收地 发地	B_1	B_2	B_3	B_4	发量
A_1	2	5	9	8	3
A_2	1	9	2	6	5
A_3	7	5	4	3	7
收量	6	3	2	4	15

各加工厂的发量 (即产量) 分别为: 3, 5, 7, 列于表的最后一列; 各批发站的收量 (即销售量) 分别为: 6, 3, 2, 4, 列于表的最下一行; 总发量 15 和总收量 15, 列于表的最右下角方格中, 这是一个平衡运输问题. 对于表中间的 12 个格, 我们规定每一个格都可以同时纪录三个数据: 左上角纪录从第 i 个发地到第 j 个收地的运价 c_{ij}, 右下角纪录从第 i 个发地到第 j 个收地的调运量 x_{ij}, 这是欲求的未知量; 今后还要在右下角的位置纪录变量 x_{ij} 的检验数 λ_{ij}. 如上所述, 这种表格记录了

运输问题的全部有关数据与变量, 称为 **平衡表格**. 我们将在平衡表上来求解运输问题, 这种方法称为 **表上作业法**. 下面主要讲述这种表上作业法的理论依据.

在表 3.1 中共有 $3 \times 4 = 12$ 个变量, 其中基变量有 $m+n-1 = 3+4-1 = 6$ 个. 那么, 基变量具有什么特征呢? 研究结果指出, $m+n-1$ 个变量成为基变量的充要条件是, 把这些变量所占有的格用水平线和垂直线顺次联接起来 (我们称之为主折线), 不包含闭回路. 下面给出有关定义以后, 我们来证明这个论断.

定义 3.1 在平衡表中, 第 i 行第 j 列的小方格称为变量 x_{ij} 的格. x_{ij} 称为格 (i,j) 所对应的变量; x_{ij} 在 A 中的系数向量 a_{ij} 称为格 (i,j) 所对应的系数向量. 若 x_{ij} 是基变量, 则它所对应的格 (i,j) 称为 **基格或数字格** ; 否则, 称为 **非基格或空格**.

定义 3.2 若一组格能排成

$$(i_1, j_1), (i_1, j_2), (i_2, j_2), (i_2, j_3), \cdots, (i_s, j_s), (i_s, j_1).$$

则称这些格构成了 **闭回路**.

例如, $(1, 2), (1, 4), (2, 4), (2, 2)$ 构成了闭回路, 参看表 3.2.

表 3.2

	B_1	B_2	B_3	B_4
A_1				
A_2				
A_3				

又如, $(1, 1), (1, 2), (3, 2), (3, 4), (2, 4), (2, 1)$ 也构成了闭回路, 参看表 3.3.

表 3.3

	B_1	B_2	B_3	B_4
A_1				
A_2				
A_3				

能够构成闭回路的一组格一定具有如下特点: ①格的个数是偶数; ②将所有的格先行后列排列以后, 第 1 格与第 2 格的行号相同, 第 2 格与第 3 格的列号相同, 第 3 格与第 4 格的行号相同, ……, 最后一格与第 1 格的列号相同. 因此不能把 $(1, 2), (1, 3), (1, 4), (2, 4), (2, 3), (2, 2)$ 这组格说成 "构成了闭回路", 尽管这组格的一部分可以构成闭回路, 参看表 3.4. 只能说这组格中包含闭回路.

表 3.4

	B_1	B_2	B_3	B_4
A_1				
A_2				
A_3				

引理 3.2 若一组格 $(i_1,j_1),(i_1,j_2),(i_2,j_2),(i_2,j_3),\cdots,(i_s,j_s),(i_s,j_1)$ 构成了闭回路, 则有

$$a_{i_1j_1} - a_{i_1j_2} + a_{i_2j_2} - a_{i_2j_3} + \cdots + a_{i_sj_s} - a_{i_sj_1} = 0.$$

证 利用 $a_{ij} = e_i + e_{m+j}$, 直接计算即得证.   □

这个引理指出, 如果一组格构成了闭回路, 那么它们对应的系数向量线性相关. 更进一步有:

推论 3.1 若一组格中包含闭回路, 则这些格所对应的系数向量线性相关.

证 根据线性代数中的定理: "若向量组中有一部分向量线性相关, 则全体向量必线性相关". 再由引理 3.2 立刻得证.   □

表 3.5 是包含闭回路的又一个例子.

表 3.5

	B_1	B_2	B_3	B_4
A_1				
A_2				
A_3				

定义 3.3 设 G 是一组格的集合. 若对于 $g \in G$, 在 G 中不同时存在与 g 同行, 同列的格, 则称 g 是 G 的**孤立格**.

例如, 在 $G = \{(1,2),(1,3),(2,1),(2,2),(2,4),(3,3)\}$ 中 $(2,1),(2,4),(3,3)$ 是孤立格. 参看表 3.6.

表 3.6

	B_1	B_2	B_3	B_4
A_1		(1, 2)	(1, 3)	
A_2	(2, 1)	(2, 2)		(2, 4)
A_3			(3, 3)	

引理 3.3 设 G 是一组格的集合, 若不包含闭回路, 则 G 必有孤立格.

证 使用反证法. 假设 G 没有孤立格. 任取 $(i_1, j_1) \in G$, 因为它不是孤立格, 所以在 i_1 行上必存在某个格 $(i_1, j_2) \in G$. 又因为 (i_1, j_2) 不是孤立格, 所以在 j_2 列上必存在某个格 $(i_2, j_2) \in G$. 以此类推, 可以从 G 中选取如下序列

$$(i_1, j_1), (i_1, j_2), (i_2, j_2), (i_2, j_3), \cdots$$

因为 G 是有限集, 所以必在某一次选取中, 所选出的格与上面已选的某一格重复. 换句话说, 在 G 中找出了一个闭回路. 而这与引理的前提相矛盾. □

定理 3.3 在平衡运输问题模型中系数矩阵的一组列向量

$$a_{i_1 j_1}, a_{i_2 j_2}, \cdots, a_{i_r j_r}$$

线性无关的充要条件是, 这组向量所对应的格的集合中不包含闭回路.

证

必要性 根据推论 3.1, 必要性是显然的.

充分性 已知该组向量所对应的格 (其集合用 G 表示) 不包含闭回路, 要证它们线性无关. 使用反证法. 若它们线性相关, 即存在不全为零的一组数 $\beta_1, \beta_2, \cdots, \beta_r$ 使得

$$\beta_1 a_{i_1 j_1} + \beta_2 a_{i_2 j_2} + \cdots + \beta_r a_{i_r j_r} = 0.$$

利用 $a_{ij} = e_i + e_{m+j}$, 上式化为

$$\beta_1 e_{i_1} + \beta_1 e_{m+j_1} + \beta_2 e_{i_2} + \beta_2 e_{m+j_2} + \cdots + \beta_r e_{i_r} + \beta_r e_{m+j_r} = 0.$$

因为 G 不包含闭回路, 所以必存在孤立格 (引理 3.6). 不妨设它为 (i_1, j_1). 于是, 在平衡表中, 或者在第 i_1 行不再有 G 的元素, 或者在第 j_1 列上不再有 G 的元素. 在前一种情况, 表示 $i_2, \cdots, i_r$ 都不等于 i_1. 又因为 $i_1 \leqslant m$, 所以上面的方程组中的第 i_1 个等式是 $\beta_1 = 0$. 对于后一种情况, 同样也可推得 $\beta_1 = 0$.

把 $\beta_1 = 0$ 代入上面的方程组中. 由于删去 (i_1, j_1) 的 G 仍不包含闭回路, 因此必有孤立格, 不妨设为 (i_2, j_2). 仿照上述证明, 可得 $\beta_2 = 0$. 以此类推, $\beta_1 = \beta_2 = \cdots = \beta_r = 0$. 这与 $\beta_1, \beta_2, \cdots, \beta_r$ 不全为零的前提相矛盾. □

这个定理很重要. 它给出了在收发平衡表上求基的简便方法: 只要选取不包含闭回路的 $m + n - 1$ 个格, 那么它们所对应的系数向量就构成了一个基.

§3.2 表上作业法

一、初始基可行解的求法

运输问题不同于一般的线性规划, 它一定有最优解, 而且它的基变量的个数为 $m + n - 1$ 个. 如何找出 $m + n - 1$ 个变量, 使其构成基变量呢? 根据上一节的

讨论，我们只要找到 $m+n-1$ 个变量，其对应的格不包含闭回路，它们即组成一组基变量. 如何确定各个基变量的取值呢？下面我们介绍三种初始基可行解的取法：①西北角法；②最小元素法；③差值法.

1. 西北角法

我们以平衡表 3.7 为例.

表 3.7

销地 产地	1	2	3	4	5	产量
1	2	1	3	1	2	600
2	4	2	1	3	1	400
3	2	1	1	3	4	500
销量	200	250	300	550	200	1500

首先在表 3.7 的西北角方格（即左上角方格，对应变量 x_{11}），尽可能取最大值

$$x_{11} = \min\{200, 600\} = 200.$$

将数值 200 填入该方格（表 3.8）. 由此可见 x_{21}, x_{31} 必须为 0, 即第一列其他各方格都不能取非零值, 划去第一列. 在剩下的方格中. 找出其西北角方格 x_{12}

$$x_{12} = \min\{250, 600-200\} = 250,$$

将 250 填入它所对应方格, 于是第二列也划去. 再找西北角方格 x_{13}

$$x_{13} = \min\{300, 600-200-250\} = 150,$$

将 150 填入 x_{13} 所对应方格, 于是第一行其他方格不能取值, 划去该行. 继续寻找西北角方格为 x_{23},

$$x_{23} = \min\{300-150, 400\} = 150,$$

将 150 填入 x_{23} 所对应方格, 第三列饱和, 划去该列. 剩下方格的西北角方格为 x_{24},

$$x_{24} = \min\{550, 400-150\} = 250,$$

将 250 填入 x_{24} 所对应方格, 第二行饱和, 划去第二行. 此后的西北角方格为 x_{34}.

$$x_{34} = \min\{550 - 250, 500\} = 300,$$

将 300 填入 x_{34} 所对应方格, 最后剩下 x_{35} 方格, 取 $x_{35} = 200$.

这样我们就找到了 $m + n - 1 = 3 + 5 - 1 = 7$ 个基变量, 它们为: $x_{11} = 200$, $x_{12} = 250, x_{13} = 150, x_{23} = 150, x_{24} = 250, x_{34} = 300, x_{35} = 200$. 显然它们用折线连接后不形成闭回路. 这就是西北角法所找到的初始基可行解, 所对应的目标值为

$$2 \times 200 + 1 \times 250 + 3 \times 150 + 1 \times 150 + 3 \times 250 + 3 \times 300 + 4 \times 200 = 3700.$$

我们找到的初始基可行解可通过各行方格中数值之和是否等于产量, 各列方格中数值之和是否等于销量来简单验证.

利用西北角法找初始基可行解简单可行, 但也存在问题. 例如, 在表 3.8 中可见 $c_{35} = 4$, 该格的单价高于该行其他方格, 最简单想法是单价小的情况下多运些货物, 这样总运费会更小些. 最小元素法改善了西北角法的这一缺陷.

表 3.8

销地 产地	1	2	3	4	5	产量
1	2 200	1 250	3 150	1	2	600
2	4	2	1 150	3 250	1	400
3	2	1	1	3 300	4 200	500
销量	200	250	300	550	200	1500

2.最小元素法

最小元素法不是从 x_{11} 开始, 而是从 c_{ij} 取最小值的方格开始, 当有几个方格同时达到最小, 则可任取其中一方格. 我们仍以平衡表 3.7 的例子加以说明.

$c_{12}, c_{14}, c_{23}, c_{25}, c_{32}, c_{33}$ 均为 1, 同时达到最小, 可任取一方格作为基变量. 比如取 x_{12}, 令 $x_{12} = \min\{250, 600\} = 250$, 则第二列饱和, 划去第二列. 在剩下的表格中再找最小的单位运价: $c_{23} = 1$, 令 $x_{23} = \min\{300, 400\} = 300$, 此时第三列饱

和, 划去第三列. 再由 $c_{14} = 1$, 令 $x_{14} = \min\{550, 600 - 250\} = 350$, 划去第一行. 由 $c_{25} = 1$, 可令 $x_{25} = \min\{200, 400 - 300\} = 100$, 划去第二行. 在剩下的表格中, 只能取 $x_{31} = 200, x_{34} = 200, x_{35} = 100$. 这样就得一组基变量. 如表 3.9 所示.

表 3.9

2	1	3	1	2	
	250		350		600
4	2	1	3	1	
		300		100	400
2	1	1	3	4	
200			200	100	500
200	250	300	550	200	

（在表 3.9 之后, 我们将类似表 3.8 平衡表格中的产地、销地编号省去, 将产量写在表格右边, 将销量写在表格下方, 不加文字说明.）

在这样的初始基可行解下, 对应的目标值为

$$1 \times 250 + 1 \times 350 + 1 \times 300 + 1 \times 100 + 2 \times 200 + 3 \times 200 + 4 \times 100 = 2400.$$

由此可见, 用最小元素法求出的初始基可行解一般比西北角法要好.

3. 差值法

差值法一般能得到一个比用前两种方法所得的初始基可行解更好的初始基可行解. 差值法要求首先计算出各行各列中最小的 c_{ij}, 与次小的 c_{ij} 之间的差的绝对值, 在具有最大差值的那个行或列中, 选择具有最小的 c_{ij} 的方格来决定基变量值. 这样就可以避免将运量分配到该行（或该列）具有次小的 c_{ij} 的方格中, 以保证有较小的目标函数值.

在前例中, 各行的差值均为 0, 各列的差值分别为 0, 0, 0, 2, 1. 由平衡表 3.10 可见第四列差值最大, 首先考虑第四列, 在第四列中最小的 c_{ij} 为 $c_{14} = 1$, 令 $x_{14} = \min\{550, 600\} = 550$, 第四列饱和, 划去该列. 对剩下的方格重新计算各行各列的差值, 各行差值分别为 1, 0, 0, 各列差值分别为 0, 0, 0, 1, 第五列差值最大, 在第五列中, 最小的 c_{ij} 为 $c_{25} = 1$, 令 $x_{25} = \min\{200, 400\} = 200$, 于是第五列也饱和, 划去第五列. 重复上述过程就可得其他基变量的值: $x_{23} = 200, x_{33} = 100, x_{12} = 50, x_{32} = 200, x_{31} = 200$.

表 3.10 中, 初始基可行解对应的目标函数值为

$$1 \times 50 + 1 \times 550 + 1 \times 200 + 1 \times 200 + 2 \times 200 + 1 \times 200 + 1 \times 100 = 1700.$$

可见在三个基可行解中, 这是目标值最小的初始基可行解.

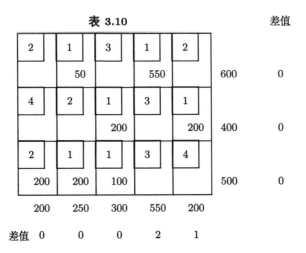

表 3.10

下面再以一例用三种方法求初始基可行解.

例 3.2 根据平衡表 3.11 求初始基可行解.

解 (1) 利用西北角法找到初始基可行解, 如表 3.12 所示.

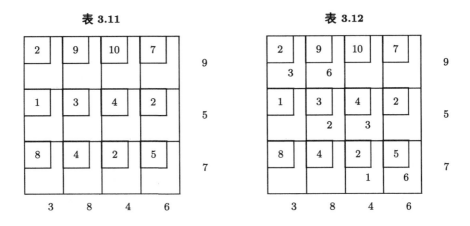

表 3.11   表 3.12

即 $x_{11} = 3, x_{12} = 6, x_{22} = 2, x_{23} = 3, x_{33} = 1, x_{34} = 6$, 这组初始基可行解对应的目标值 $z = 2 \times 3 + 9 \times 6 + 3 \times 2 + 4 \times 3 + 2 \times 1 + 5 \times 6 = 110$.

(2) 利用最小元素法找到的初始基可行解, 如表 3.13 所示.

$x_{21} = 3, x_{33} = 4, x_{24} = 2, x_{32} = 3, x_{14} = 4, x_{12} = 5$, 这组初始基可行解对应的目标值 $z = 9 \times 5 + 7 \times 4 + 1 \times 3 + 2 \times 2 + 4 \times 3 + 2 \times 4 = 100$.

(3) 利用差值法得到的初始基可行解, 如表 3.14 所示.

表 3.13

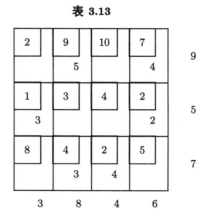

表 3.14   差值

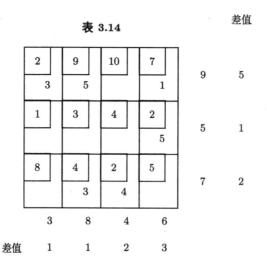

注意: 在用差值法求初始基可行解时, 要不断地重新计算各行、各列的差值, 直到找到 $m+n-1$ 个变量为基变量. 首先计算各行、各列的差值分别为: 5, 1, 2 ; 1, 1, 2, 3. 在第一行中, 因为 $c_{11}=2$ 为最小, 故令 $x_{11}=\min\{3,9\}=3$, 第一列饱和, 划去第一列, 重新计算各行、各列差值, 第一、二、三行差值分别为 2, 1, 2, 第二、三、四列分别为 1, 2, 3. 差值最大为第四列, 在第四列中 $c_{24}=2$ 最小, 故令 $x_{24}=\min\{6,5\}=5$, 第二行饱和, 划去该行. 此时第一、三行差值为 2, 2, 第二、三、四列分别为 5, 8, 2. 显然第三列差值最大, 在第三列中 $c_{32}=2$ 最小, 令 $x_{32}=\min\{4,7\}=4$, 划去第三列. 第二、四列差值变为 5 和 2. 第一、三行差值变为 2, 1, 选第二列中 x_{32} 进基, 令 $x_{32}=\min\{7-4,8\}=3$, 划去第三行, 此时只剩下第一行. 令 $x_{12}=8-3=5, x_{14}=6-5=1$, 这组初始基可行

解为: $x_{11} = 3, x_{12} = 5, x_{14} = 1, x_{24} = 5, x_{32} = 3, x_{33} = 2$, 它所对应的目标值 $z = 2 \times 3 + 9 \times 5 + 7 \times 1 + 2 \times 5 + 4 \times 3 + 2 \times 4 = 88$.

二、计算检验数

找到初始基可行解后计算检验数, 当所有检验数都非负时, 该基可行解即为最优解. 若有负检验数, 就需要迭代. 在单纯形法中, 我们知道基变量的检验数均为 0, 所以在此我们只计算非基变量的检验数. 下面介绍两种求检验数的方法.

1.闭回路法

将同行、同列的基变量方格用横线或竖线 (但不能用斜线) 连接成一个通路, 我们称该通路为主折线.

设 x_{ij} 为一个非基变量, 将该方格用横线及竖线与主折线相连, 在表格中可找到惟一的闭回路. 以 x_{ij} 作为第一顶点, 沿着一个方向 (可以是顺时针, 也可是逆时针) 将闭回路所有奇数顶点对应的 c_{ij} 值取为正, 所有偶数顶点的 c_{ij} 值取为负, 相加即得 λ_{ij}, 填入相应的方格内括号中, 以区别 c_{ij} 及基变量取值.

检验数的经济意义十分明确: 空格运量从 0 增加一个单位, 总运费的改变量即为检验数. 因此容易理解: 当所有检验数都非负时, 该基可行解即为最优解.

例 3.3 在例 3.2 中, 如果用差值法已求出初始基可行解, 如表 3.14 所示, 求非基变量的检验数.

解 x_{13} 对应的闭回路为: $x_{13}, x_{12}, x_{32}, x_{33}$, 所以

$$\lambda_{13} = c_{13} - c_{12} + c_{32} - c_{33} = 10 - 9 + 4 - 2 = 3.$$

在实际运输中, x_{13} 增加一个单位, x_{12} 减少一个单位, x_{32} 增加一个单位, x_{33} 减少一个单位. 在这样的调整方案下, 总运费的改变为: $c_{13} - c_{12} + c_{32} - c_{33} = 10 - 9 + 4 - 2 = 3$, 即为该格的检验数 λ_{13}. 同理

$$\lambda_{23} = c_{23} - c_{24} + c_{14} - c_{12} + c_{32} - c_{33} = 4 - 2 + 7 - 9 + 4 - 2 = 2,$$
$$\lambda_{21} = c_{21} - c_{24} + c_{14} - c_{11} = 1 - 2 + 7 - 2 = 4,$$
$$\lambda_{22} = c_{22} - c_{24} + c_{14} - c_{12} = 3 - 2 + 7 - 9 = -1,$$
$$\lambda_{31} = c_{31} - c_{32} + c_{12} - c_{11} = 8 - 4 + 9 - 2 = 11,$$
$$\lambda_{34} = c_{34} - c_{14} + c_{12} - c_{32} = 5 - 7 + 9 - 4 = 3.$$

把求出的检验数填入相应的方格内括号中, 如表 3.15 所示.

从表 3.15 可见, 存在负的检验数 ($\lambda_{22} = -1$), 故这一组基可行解不是最优解 (可以理解为: 当 x_{22} 运量增加一个单位时, 总运费将减少一个单位, 因此原方案不是最优方案).

表 3.15

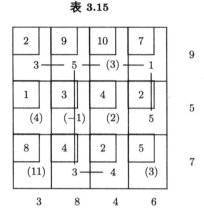

2. 位势法

用闭回路法求检验数, 需要找闭回路, 这种方法的计算量很大. 位势法则更为简便.

引进 $m+n$ 个未知数 $u_1, u_2, \cdots, u_m; v_1, v_2, \cdots, v_n$, 它们为平衡运输问题的对偶规划的变量, 分别对应到平衡运输问题的约束条件. 平衡运输问题的基变量 x_{ij} 不为 0, 由互补松弛定理知, x_{ij} 对应到对偶规划的一个约束条件成为方程: $u_i + v_j = c_{ij}$. 故由原问题的 $m+n-1$ 个基变量, 对应到对偶规划的 $m+n-1$ 个方程. 一般取 $u_1 = 0$, 这样就可以解出这 $m+n$ 个未知数. 我们将 u_i 写在各行的前面, v_j 写在各列的上方.

由定理 2.3 证明可知

$$w = c_B B^{-1} = (u_1, u_2, \cdots, u_m, v_1, v_2, \cdots, v_n)$$

为对偶规划的决策向量, 再由检验数 λ_{ij} 的定义知

$$\lambda_{ij} = c_{ij} - c_B B^{-1} A_{ij} = c_{ij} - (u_1, u_2, \cdots, u_m, v_1, v_2, \cdots, v_n)(e_i + e_{m+j}) = c_{ij} - u_i - v_j.$$

因此, 非基变量 x_{ij} 的检验数 $\lambda_{ij} = c_{ij} - u_i - v_j$.

例 3.4　在例 3.2 中, 已得如表 3.14 所示的初始基可行解, 利用位势法求非基变量的检验数.

解　因为 $x_{11}, x_{12}, x_{14}, x_{24}, x_{32}, x_{33}$ 为基变量, 因此对应下列方程组

$$\begin{cases} u_1 + v_1 = c_{11} = 2, \\ u_1 + v_2 = c_{12} = 9, \\ u_1 + v_4 = c_{14} = 7, \\ u_2 + v_4 = c_{24} = 2, \\ u_3 + v_2 = c_{32} = 4, \\ u_3 + v_3 = c_{33} = 2. \end{cases}$$

取 $u_1 = 0$, 很容易求出 $v_1 = 2, v_2 = 9, v_4 = 7, u_2 = -5, u_3 = -5, v_3 = 7$. 将这些数字分别填在表 3.16 的左边与上边, 然后计算各非基变量的检验数. 例如, $\lambda_{13} = c_{13} - u_1 - v_3 = 10 - 0 - 7 = 3$. 依照此法很容易求出所有非基变量的检验数, 如表 3.16 所示.

表 3.16

	2	9	7	7	
0	2 / 3	9 / 5	10 / (3)	7 / 1	9
-5	1 / (4)	3 / (-1)	4 / (2)	2 / 5	5
-5	8 / (11)	4 / 3	2 / 4	5 / (3)	7
	3	8	4	6	

三、寻找新的基可行解

在已求得的基可行解及检验数的平衡表中, 若有负的检验数, 说明这个基可行解就不是最优解, 应寻找新的基可行解, 使目标函数值下降. 我们分两步进行:

1.确定进、离基变量和调整量

要选取进基变量很容易, 只要取非基变量中负检验数最小的方格所对应的变量即可. 然后将此进基方格与主折线相连, 得惟一闭回路, 以进基方格为起点 (令闭回路顶点方格依次分成奇偶顶点, 起点格为奇), 令调整量 $\triangle$ 为闭回路中的偶顶点取值的最小值, 取到最小值 $\triangle$ 的偶顶点所对应基变量离基 (当有数个偶顶点均取值 $\triangle$, 则只要任取一个基变量为离基变量即可, 即该数字格变为空格).

2.调整方法

(1) 在上述闭回路顶点以外方格对应的 x_{ij} 的值不变;

(2) 在闭回路顶点的奇顶点上 x_{ij} 的值均加上 Δ, 在偶顶点上 x_{ij} 的值都减去 Δ.

例 3.5　在表 3.16 中, 寻找一个新的基可行解.

解　因为 $\lambda_{22} = -1 < 0$, 选 x_{22} 进基, 与主折线形成的闭回路为 $x_{22}, x_{24}, x_{14}, x_{12}$. $\Delta = \min\{5, 5\} = 5$.

闭回路顶点以外 x_{ij} 不变，　$x_{11} = 3, x_{32} = 3, x_{33} = 4$；

闭回路奇顶点 x_{ij} 加上 $\Delta, x_{22} = 0 + 5 = 5, x_{14} = 1 + 5 = 6$；

闭回路偶顶点 x_{ij} 减去 $\Delta, x_{12} = 5 - 5 = 0, x_{24} = 5 - 5 = 0$；在 x_{12}, x_{24} 中任取一个作为离基变量, 比如选 x_{12} 离基则得新的基可行解. 如表 3.17 所示.

再用位势法求出新基可行解的检验数, 如表 3.18 所示.

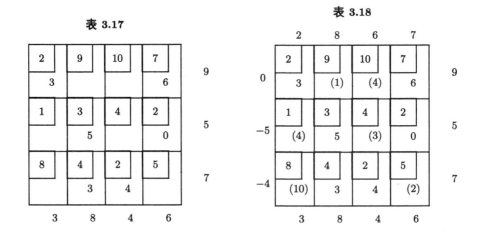

表 3.17　　　　　　　　　　**表 3.18**

从表 3.18 可见, 所有检验数都非负, 故为最优解. 它对应的目标值 $z = 2 \times 3 + 7 \times 6 + 3 \times 5 + 2 \times 0 + 4 \times 3 + 2 \times 4 = 83$.

§3.3　表上作业法应用及其他

一、退化情形

当某一基变量取值为 0 时, 这一情形称为退化情形. 我们用例 3.6 来说明在退化情形下如何寻找初始基可行解.

例 3.6　表 3.19 给出一运输问题的平衡表, 试用西北角法找出初始基可行解.

表 3.19

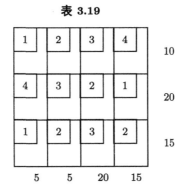

解

第一步：令 $x_{11} = \min\{5, 10\} = 5$, 划去第一列;

第二步：令 $x_{12} = \min\{5, 10-5\} = 5$, 此时第二列, 第一行均饱和, 但只能划去其中一个. 不妨划去第二列;

第三步：令 $x_{13} = \min\{20, 10-5-5\} = 0$, 基变量 $x_{13} = 0$ 为退化情形, 划去第一行;

第四步：令 $x_{23} = \min\{20, 20\} = 20$, 第三列、第二行同时饱和, 只能划去其中之一, 不妨划去第二行;

第五步：令 $x_{33} = \min\{20-20, 15\} = 0$, 划去第三列;

第六步：只剩下第四列, 令 $x_{34} = 15$.

于是得初始基可行解, 如表 3.20 所示. 即 $x_{11} = 5, x_{12} = 5, x_{13} = 0, x_{23} = 20, x_{33} = 0, x_{34} = 15$.

表 3.20

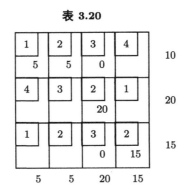

退化情形的检验数计算及寻找新的基可行解方法和非退化情形完全一样, 只要将取 0 值基变量一致看待即可. 在用最小元素法、差值法等其他方法找初始基可行解时, 若出现某一行、某一列同时饱和, 同样也只能划去该饱和行或该饱和列, 不能全部划去.

二、不平衡情形

前面我们都是在讨论总产量、总销量相等的平衡情形, 即

$$\sum_{i=1}^{m} a_i = \sum_{j=1}^{n} b_j.$$

这里对不平衡情形, 我们分 "产" 大于 "销", "销" 大于 "产" 两种情况分别加以讨论.

(1) "产" 大于 "销", 即供过于求, $\sum_{i=1}^{m} a_i > \sum_{j=1}^{n} b_j$. 在这种情况下, 应该把多余的货物就地存储起来, 总存储量是 $b_0 = \sum_{i=1}^{m} a_i - \sum_{j=1}^{n} b_j$. 于是我们虚设一个销地, 将多余货物运到该虚设销地, 该销地销量为 b_0 ; 产地 i 到虚设销地的运价均为 0 (因为若产地 i 运送货物到虚设销地, 实际上就是将货物储存在产地 i 处, 故运价为 0), 这样就将不平衡问题化为平衡问题.

例 3.7　表 3.21 给出一运输问题运价、产量与销量, 求使运费最省的最优运输方案.

解　该运输问题总产量为 $4+7+2=13$, 总销量 $2+3+6=11$, 为供大于求的运输问题, 故需虚设第四个销地, 销量为 $13-11=2$, 第四个产地到虚设销地的运价为 0, 这样得平衡表 3.22.

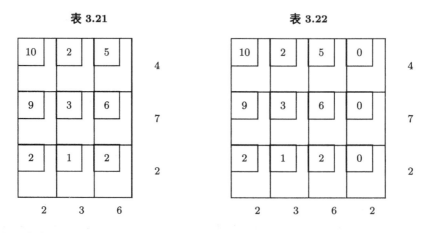

表 3.21　　　　　　　　　　表 3.22

在平衡表 3.22 基础上利用前面介绍的表上作业法得到最优表格, 如表 3.23 所示.

表 3.23

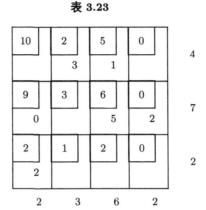

即：

产地 1 到销地 2, 3 的运量分别为 3, 1 ；

产地 2 到销地 3 的运量为 5 ；

产地 3 到销地 1 的运量为 2 ；

产地 2 到虚设点运量为 2, 实际上是 2 个单位货物储存在产地 2.

总运费为 $2 \times 3 + 5 \times 1 + 6 \times 5 + 2 \times 2 = 45$.

(2) "产" 小于 "销", 即供不应求, $\sum_{i=1}^{m} a_i < \sum_{j=1}^{n} b_j$. 在供不应求的情况下, 总有一些销地的需求得不到满足, 我们虚设一个产地, 产量为 $a_0 = \sum_{j=1}^{n} b_j - \sum_{i=1}^{m} a_i$, 虚设产地到各销地运价均为 0 (因为虚设产地没有货物可运送).

例 3.8 表 3.24 给出一运输问题运价、产量与销量, 求使运费最省的最优运输方案.

解 该问题总产量为 11, 总销量 13, 供不应求. 虚设第四个产地, 产量 $13 - 11 = 2$. 第四个产地到销地运价为 0, 这样就得平衡表 3.25.

利用表上作业法解得最优解如表 3.26 所示. 即：

产地 1 到销地 2, 3 的运量分别为 3, 1 ；

产地 2 到销地 3 的运量为 5 ；

产地 3 到销地 1 的运量为 2 ；

产地 4 到销地 3 的运量为 2, 实际上没有运送货物, 销地 3 的实际收到货物为 6.

总运费 $z = 2 \times 3 + 5 \times 1 + 6 \times 5 + 2 \times 2 = 45$.

表 3.24   表 3.25

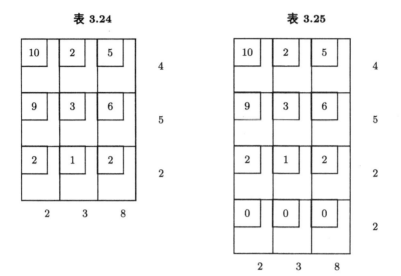

表 3.26

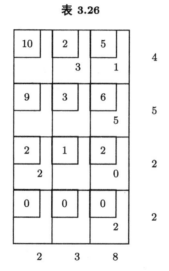

三、求 max 情形

运输问题的模型不仅应用于解运输问题, 它还有极其广泛的应用. 本节我们给出一些具体的实例.

例 3.9   一公司有三个工厂 A_1, A_2, A_3 都生产同一种产品, 月产量依次是 $450, 400,$ 600 吨, 出厂价格依次是 $1.2, 1.4, 1.0$ 百元 / 吨. 这些产品要销售到 5 个地区 $B_1, B_2, B_3,$ B_4, B_5, 需要量依次是 $150, 150, 400, 350, 400$ 吨, 各地的销售价格依次是 $1.8, 2.2, 2.0, 2.1,$ 2.3 百元 / 吨. 从工厂到销地的运价（百元 / 吨）如表 3.27 所示.

表 3.27

	B_1	B_2	B_3	B_4	B_5
A_1	0.3	0.2	0.2	0.4	0.5
A_2	0.4	0.1	0.3	0.5	0.3
A_3	0.1	0.4	0.5	0.2	0.2

假定运输也由该公司解决, 问如何调运产品使公司获得利润最大?

解 根据题设, 我们首先求出各工厂到销地利润表格, 得表 3.28.

表 3.28

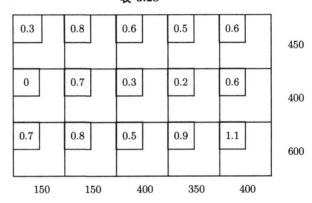

表 3.28 中 c_{ij} 为 B_j 的销售价格减去 A_i 的出厂价格再减去 A_i 到 B_j 的运价, 例如, $c_{11} = 1.8 - 1.2 - 0.3 = 0.3$(单位: 百元 / 吨).

于是原问题化为求平衡表 3.28 的最大值, 处理方法将 c_{ij} 变为其相反数, 求该平衡问题的最小值, 得最优解如表 3.29 所示.

表 3.29

		400	50		450
	150			250	400
150			300	150	600
150	150	400	350	400	

总利润 $z = 0.6 \times 400 + 0.5 \times 50 + 0.7 \times 150 + 0.6 \times 250 + 0.7 \times 150 + 0.9 \times 300 + 1.1 \times 150 = 1060$(百元).

我们可以将第三节介绍的表上作业法作适当的修改, 就可以用来求最大值的平衡运输问题的最优解 (思考题 3 , 读者自己思考). 其实, 对于例 3.9 中的问题, 我们可以只求纯运输问题意义下的最优解 (运费最小), 然后计算出个销售点的销售总额, 再减去各产地的出厂总额和最小运费, 最后即得最大利润. 读者可自行计算, 并作比较. 但对于产销不平衡的问题, 则不可以用此方法 (思考题 7).

四、转运问题

在有些情形下把商品从产地直接运到销地并不合算, 相反地在到达最后的销地之前商品要经过其他产地或销地. 这种情形称为转运问题. 下面以例 3.10 来说明怎样将转运问题转化为普通运输问题.

例 3.10 表 3.30 给出转运问题的有关数据.

表 3.30

产地 \ 运价 \ 销地	B_1	B_2	B_3	产量
A_1	10	20	30	100
A_2	20	50	40	200
销量	100	100	100	300\300

解 在转运模型中每一个产地和销地都表示一个潜在的销地和产地. 这意味着在任何转运阶段总供应量可以在产地或销地中的任何一处集中. 令 $B = \sum_{i=1}^{m} a_i = \sum_{j=1}^{n} b_j$. 有表 3.31.

表 3.31

产地 \ 运价 \ 销地	A_1	A_2	B_1	B_2	B_3	产量
A_1	0		10	20	30	$100+B$
A_2		0	20	50	40	$200+B$
B_1			0			B
B_2				0		B
B_3					0	B
销量	B	B	$100+B$	$100+B$	$100+B$	$300+5B$

在表 3.31 对角线上运价均为 0 (自己到自己的运价应为 0), 其余的运价可以由实际情况中得到或事先给出. 在该例中我们事先给出. 于是该转运问题就可化为普通运输问题, 其平衡表格为表 3.32.

在行或列中这里一般是先写产地 A_1, A_2, 再写出销地 B_1, B_2, B_3, 求得该问题的最优解如表 3.33 所示.

表 3.32

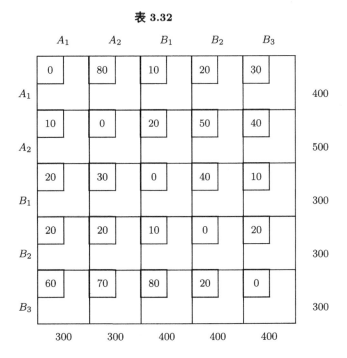

表 3.33

300		0	100	
	300	200		
		200		100
			300	
				300

在表 3.33 中对角线上元素没有实际意义. 该方案为: A_1 运送 100 个单位的货物到 B_2, A_2 运送 200 个单位的货物到 B_1, 再由 B_1 运送 100 个单位到 B_3. 实际上运费为: $100 \times 20 + 200 \times 20 + 100 \times 10 = 7000$.

五、其他应用

运输问题在其他领域中的应用还很广泛, 在此仅用三个例子加以说明, 一些似乎与运输问题联系不密切的问题, 经变形整理, 也可化到运输问题的平衡表格, 从而得到解决.

例 3.11 若产地 A_1, A_2 及销地 B_1, B_2, B_3 的有关数据如表 3.34 所示.

表 3.34

运价＼销地 产地	B_1	B_2	B_3	产量	存储费／单价
A_1	4	6	8	200	5
A_2	5	2	4	200	4
销量	50	100	100		
缺货费／单价	3	8	5		

假定在 B_1, B_2, B_3 处允许物资缺货，A_1, A_2 处允许物资存储，问怎样调配，可使总的支付费用最少.

解 我们虚设一销地 B_4，其销量为 400. 当 A_1, A_2 运送货物到 B_4 时，实际上表示将货物分别储存在 A_1 或 A_2，故 $c_{14} = 5, c_{24} = 4$，销量即为 A_1, A_2 的总产量 400. 再虚设一产地 A_3. 当 A_3 运送货物到 B_1, B_2 和 B_3 时，实际上表示 B_1, B_2, B_3 缺货，故 $c_{31} = 3, c_{32} = 8, c_{33} = 5$. 所以 A_3 产量设为 B_1, B_2, B_3 的总销量，即为 250. 令 $c_{34} = 0$. 则该问题的平衡表格为表 3.35.

表 3.35

利用表上作业法，解得最优方案如表 3.36 所示.

表 3.36

50			150	200
	100	100	0	200
			250	250
50	100	100	400	

即：产地 A_1 运送货物 50 到销地 B_1，150 单位货物存储. 产地 A_2 运送货物 100 到销地 B_2，100 单位货物到 B_3. 销地 B_1, B_2, B_3 均得到满足，不缺货. 总支付费用 $= 50 \times 4 + 150 \times 5 + 100 \times 2 + 100 \times 4 = 1550$.

例 3.12 某物资从产地 A_1, A_2 和 A_3 至销地 B_1, B_2 和 B_3 的单位运价由表 3.37 给出.

表 3.37

产地 \ 销地	B_1	B_2	B_3
A_1	4	6	5
A_2	3	7	8
A_3	5	4	6

现 B_1, B_2 和 B_3 的需求量分别为 7, 5, 5 个单位. A_1 产量至少为 6 个单位, 最多 10 个单位; A_2 产量 5 个单位; A_3 产量至少 3 个单位, 试求最优方案.

解 由题设, 总产量至少为 14 个单位. 总销量为 17 个单位, 因而 A_3 产量最多 6 个单位. 这样总产量最多为 21 个单位. 增加一个虚销点, 需求量是 $21 - 17 = 4$ 个单位. 产地 A_1, A_3 的产量均包括两部分. 如 A_1 在产量 10 个单位中, 6 个单位是必须运出的, 不能到虚销点, 另 4 个单位可运出亦可存储在 A_1. 于是得平衡表 3.38, 利用表上作业法可求得最优解.

表 3.38

产地 \ 销地	B_1	B_2	B_3	B_4	产量
A_1	4	6	5	M	6
A_1'	4	6	5	0	4
A_2	3	7	8	M	5
A_3	5	4	6	M	3
A_3'	5	4	6	0	3
销量	7	5	5	4	

例 3.13 某制冰厂每年 1~4 季度必须供应冰块 15, 20, 25, 10 (千吨). 已知该厂各季度冰块的生产能力及冰块的单位成本如表 3.39 所示. 如果生产出来的冰块不在当季度使用, 每千吨冰块存储一个季度费用为 4 (千元). 又设该制冰厂每年第 3 季度末对贮冰库进行清库维修. 问应如何安排冰块的生产, 可使该厂全年生产费用最少?

解 第 i 季度生产用于第 j 季度的冰块实际成本 c_{ij} (看作运价) 应为生产成本加上存贮费用, 对不可能的方案, 例如, 第二季度生产的冰块存贮到第一季度使用, 令 $c_{21} = M$. 又该问题为不平衡问题, 故虚设一销地, 得如表 3.40 所示的平衡表格, 求最优解过程略去.

表 3.39

季度	生产能力 / 千吨	单位成本 / 千元
I	25	5
II	18	7
III	16	8
IV	15	5

表 3.40

	I	II	III	IV	虚销点	产量
I	5	9	13	M	0	25
II	M	7	11	M	0	18
III	M	M	8	M	0	16
IV	9	13	17	5	0	15
销量	15	20	25	10	4	

运输问题还有许多具体应用, 在习题中我们还给出了一些实际例子.

§3.4　指派模型及匈牙利方法

一、指派模型

许多管理部门可能经常面临这样的问题: 有若干项任务需要完成, 又有若干人员能够完成其中的每项任务. 由于每个人的特点与能力不同, 完成各项任务的效益也各不相同. 又因任务性质的要求和管理上的需要等, 每项任务只能由一人完成. 则应如何分配人员去完成所有任务, 能使完成各项任务的总效益最佳? 这类问题就称之为 **指派模型** 或 **分配模型**. 其实, 人事管理部门在招聘人员时也会经常遇到这样的问题.

当岗位数 (m) 与人员数 (n) 相等时, 设 $x_{ij} = 1$, 表示第 i 个人做第 j 件工作, 否则 $x_{ij} = 0$. 于是指派模型为

$$\text{P} \qquad \min \qquad Z = \sum_{i=1}^{n} \sum_{j=1}^{m} c_{ij} x_{ij},$$

$$\text{s.t.} \qquad \sum_{j=1}^{m} x_{ij} = 1 \quad (i = 1, 2, \cdots, n) \text{ (每个人做一件工作)},$$

$$\sum_{i=1}^{n} x_{ij} = 1 \quad (j = 1, 2, \cdots, m) \text{ (每件工作有一个人做)},$$

$$x_{ij} = 0 \text{ 或 } 1.$$

记 $C = (c_{ij})$, 为 n 阶方阵, 称为指派模型 (P) 的 **效益矩阵**; 若 x_{ij}^0 为 (P) 的最优解, 则 n 阶方阵 $X = (x_{ij}^0)$ 称为 (P) 的 **最优解方阵**. 事实上方阵 X 为一置换方阵, 即该矩阵中的每一行、每一列只有一个 "1". 显然, 指派模型为运输问题的特殊情形.

二、匈牙利方法

解决指派模型的方法是匈牙利数学家考尼格 (Konig) 提出的, 因此得名 **匈牙利法** (The Hungarian Method of Assignment).

1. 匈牙利方法基本原理

匈牙利法基于下面两个性质:

性质 3.1 设一个指派模型的效益矩阵为 (c_{ij}). 若 (c_{ij}) 的第 i 行元素均减去一个常数 $u_i (i = 1, 2, \cdots, n)$, 第 j 列元素均减去一个常数 $v_j (j = 1, 2, \cdots, n)$, 得到一个新的效益矩阵 (c'_{ij}), 其中每一元素 $c'_{ij} = c_{ij} - u_i - v_j$, 则以 (c'_{ij}) 为效益矩阵的指派模型的最优解也是以 (c_{ij}) 为效益矩阵的指派模型的最优解.

如果取 $u_i (i = 1, 2, \cdots, n)$ 为第 i 行元素的最小值, 设 C' 为矩阵 C 的各元素减去其所在行的最小值, $v_j (j = 1, 2, \cdots, n)$ 为 C' 的第 j 列元素的最小值, 则得到新的效益矩阵 (c''_{ij}) 为非负矩阵 (即所有元素均为非负数). 性质 3.1 说明可以通过求以 (c''_{ij}) 为效益矩阵的指派模型的最优解得到原指派模型的最优解.

直观地讲, 求指派模型的最优解方阵就是在效益矩阵中找到 n 个元素, 要求位于不同行、不同列上, 使这些元素之和最小. 将这 n 个元素所在位置赋值为 "1", 其他元素均为 "0", 就得到最优解方阵. 效益矩阵 (c''_{ij}) 中最小元素为 "0", 因此, 求指派模型 (P) 的最优解又转化为在矩阵 (c'_{ij}) 中找出 n 个在不同行、不同列上的 "0" 元素, 就很容易构造出最优解矩阵.

性质 3.2 若一方阵中的一部分元素为 0, 一部分元素为非 0, 则覆盖方阵内所有 0 元素的最少直线数恰好等于那些位于不同行、不同列的 0 元素的最多个数.

此时还存在两个问题:

(a) 当效益矩阵阶数 n 较大时, 如何得知不存在 n 个位于不同行、不同列的 0 元素, 即如何得知覆盖方阵内所有 0 元素的最少直线数需要 n 条?

(b) 赋予实际背景的指派模型, 总存在最优解. 因此任意一个指派模型均有最优解. 当确切得知效益矩阵中不存在 n 个位于不同行、不同列的 0 元素时, 如何进一步按性质 3.1 构造出新的效益矩阵, 其中位于不同行、不同列的 0 元素的个数不断增加, 直至达到 n 个?

(1) 要解决第一个问题, 我们需要引入两个定义和一些性质.

定义 3.4 矩阵 $A = (a_{ij})_{n \times n}$ 的积和式 (permutation) per A 定义为

$$\mathrm{per} A = \sum_{(i_1, i_2, \cdots, i_n)} a_{1i_1} a_{2i_2} \cdots a_{ni_n},$$

其中 $(i_1, i_2, \cdots, i_n)$ 取遍 $(1, 2, \cdots, n)$ 的所有排列.

积和式是矩阵的一个重要参数, 在组合理论中经常将积和式与其他参数建立联系, 它类似于矩阵的行列式, 但又有很大的区别. 行列式的计算方法有许多, 但积和式的计算主要用拉普拉斯展开法, 按某行 (列) 展开, 直至到 2 阶. 例如, 计算下列 3 阶方阵的积和式时, 按第一行展开, 则转化为计算三个 2 阶矩阵的积和式.

$$\text{per} \begin{pmatrix} 1 & 2 & 3 \\ 4 & 5 & 6 \\ 7 & 8 & 9 \end{pmatrix} = 1 \times \text{per} \begin{pmatrix} 5 & 6 \\ 8 & 9 \end{pmatrix} + 2 \times \text{per} \begin{pmatrix} 4 & 6 \\ 7 & 9 \end{pmatrix} + 3 \times \text{per} \begin{pmatrix} 4 & 5 \\ 7 & 8 \end{pmatrix}$$

$$= 1 \times (5 \times 9 + 6 \times 8) + 2 \times (4 \times 9 + 6 \times 7) + 3 \times (4 \times 8 + 5 \times 7)$$
$$= 450.$$

定义 3.5　称 D 为 C 的补矩阵. 若 $C = (c_{ij})_{n \times n}$, 　　$D = (d_{ij})_{n \times n}$ 满足

$$d_{ij} = \begin{cases} 0, & c_{ij} \neq 0; \\ 1, & c_{ij} = 0. \end{cases}$$

性质 3.3　设 C 为指派模型 (P) 的效益矩阵, D 为 C 的补矩阵, 覆盖 C 中零元素所需最少直线数为 n 的充要条件为 $\text{per} \, D \neq 0$.

由性质 3.3 得知, 当指派模型 (P) 的效益矩阵或由性质 3.1 所得效益矩阵, 其对应的补矩阵 D 的积和式 $\text{per} \, D \neq 0$ 时, 覆盖效益矩阵内所有 0 元素的最少直线数需要 n 条. 因此性质 3.3 也可以称为效益矩阵迭代的终止条件. 特别要指出的是当迭代终止时, $\text{per} \, D \neq 0$, 且

性质 3.4　指派模型 (P) 最优解的个数等于 $\text{per} \, D$.

(2) 对于问题 (b), 我们可以按如下的方法处理.

当确切得知效益矩阵中不存在 n 个位于不同行、不同列的 "0" 元素时, 一定可用少于 n 条直线将所有 "0" 元素覆盖. 在未被直线覆盖的所有元素中, 找出最小元素, 记为 Δ; 所有未被直线覆盖的元素都减去 Δ; 覆盖线十字交叉处元素 (即同时被两条直线覆盖的元素) 都加上 Δ, 其余元素不变.

这一过程相当于将效益矩阵的每一行的所有元素均减去 Δ, 同时将被直线覆盖的行 (或列) 上的所有元素均加上 Δ. 由性质 3.1 保证最优解矩阵不发生改变, 同时, 在新的效益矩阵中位于不同行、不同列的 0 元素个数不会减少, 并逐渐增加到 n(思考题 9).

2. 匈牙利方法步骤

第一步: 将效益矩阵 C 的每个元素减去其所在行的最小元素, 在所得矩阵中, 每个元素再减去其所在列的最小元素, 得新的效益矩阵 C'.

第二步: 构造效益矩阵 C' 的补矩阵 D, 计算 $\text{per} \, D$.

第三步: 判断 $\text{per} \, D$ 是否等于 0. 是, 则转第五步; 否则, 转第四步.

第四步: 检查 C' 的每行、每列, 从中找出 "0" 元素最少的一排 (即行或列), 从该排圈出一个 "0" 元素, 若该排有多个 "0" 元素, 则任圈一个, 用 ⊙ 表示, 把刚得到的 ⊙ 元素所在行、列划去. 在剩下的矩阵中重复上述过程, 直至找到 n

个 ⊙. 将 n 个 ⊙ 所在位置赋值 "1", 其他元素赋值为 "0", 得到的矩阵就是原指派模型的最优解矩阵.

第五步: 一定可用少于 n 条直线将效益矩阵 C' 中所有 "0" 元素覆盖. 在未被直线覆盖的所有元素中, 找出最小元素 Δ. 所有未被直线覆盖的元素都减去 Δ; 覆盖线十字交叉处元素都加上 Δ; 其余元素不变. 得到的效益矩阵仍记为 C', 回到第二步.

3.例题

下面我们以例 3.14 来说明匈牙利方法.

例 3.14 现有 5 辆货车装货待卸, 调度员分配五个装卸组卸货, 由于各班技术专长不同, 各班组所需时间如下表所示, 调度员应如何分配, 使所花的总时间最少?

装卸组 / 待卸车	B_1	B_2	B_3	B_4	B_5
I	4	5	7	3	6
II	1	3	5	8	4
III	2	6	5	7	2
IV	3	5	6	3	6
V	9	3	4	3	4

解 效益矩阵 $C = \begin{pmatrix} 4 & 5 & 7 & 3 & 6 \\ 1 & 3 & 5 & 8 & 4 \\ 2 & 6 & 5 & 7 & 2 \\ 3 & 5 & 6 & 3 & 6 \\ 9 & 3 & 4 & 3 & 4 \end{pmatrix}$.

第一步:

① 将 C 每行元素减去该行的最小元素, 得矩阵 C_1;

②将所得矩阵 C_1 各列元素减去该列的最小元素, 得 C_2.

$$\text{效益矩阵} C = \begin{pmatrix} 4 & 5 & 7 & 3 & 6 \\ 1 & 3 & 5 & 8 & 4 \\ 2 & 6 & 5 & 7 & 2 \\ 3 & 5 & 6 & 3 & 6 \\ 9 & 3 & 4 & 3 & 4 \end{pmatrix} \begin{matrix} -3 \\ -1 \\ -2 \\ -3 \\ -3 \end{matrix} \longrightarrow C_1 = \begin{pmatrix} 1 & 2 & 4 & 0 & 3 \\ 0 & 2 & 4 & 7 & 3 \\ 0 & 4 & 3 & 5 & 0 \\ 0 & 2 & 3 & 0 & 3 \\ 6 & 0 & 1 & 0 & 1 \end{pmatrix}$$

$$-0 \ -0 \ -1 \ -0 \ -0$$

$$\longrightarrow C_2 = \begin{pmatrix} 1 & 2 & 3 & 0 & 3 \\ 0 & 2 & 3 & 7 & 3 \\ 0 & 4 & 2 & 5 & 0 \\ 0 & 2 & 2 & 0 & 3 \\ 6 & 0 & 0 & 0 & 1 \end{pmatrix}.$$

第二步：构造效益矩阵 C_2 的补矩阵 D_1, 计算 $\text{per } D_1$.

$$\text{per} D_1 = \text{per} \begin{pmatrix} 0 & 0 & 0 & 1 & 0 \\ 1 & 0 & 0 & 0 & 0 \\ 1 & 0 & 0 & 0 & 1 \\ 1 & 0 & 0 & 1 & 0 \\ 0 & 1 & 1 & 1 & 0 \end{pmatrix} \text{(按第一行展开)} = \text{per} \begin{pmatrix} 1 & 0 & 0 & 0 \\ 1 & 0 & 0 & 1 \\ 1 & 0 & 0 & 0 \\ 0 & 1 & 1 & 0 \end{pmatrix} = 0.$$

第三步：由于 $\text{per } D$ 等于 0, 则转第五步.

第五步：用 4 条直线 (少于 5 条) 就可以将效益矩阵 C_2 中所有 "0" 元素覆盖：四条直线分别覆盖 C_2 第三行、第五行、第一列和第四列. 在未被直线覆盖的所有元素中, 找出最小元素 $\Delta_1 = 2$. 所有未被直线覆盖的元素都减去 Δ_1；覆盖线十字交叉处元素都加上 Δ_1, 其余元素不变. 得到的效益矩阵记为 C_3, 回到第二步.

$$C_3 = \begin{pmatrix} 1 & 0 & 1 & 0 & 1 \\ 0 & 0 & 1 & 7 & 1 \\ 2 & 4 & 2 & 7 & 0 \\ 0 & 0 & 0 & 0 & 1 \\ 8 & 0 & 0 & 2 & 1 \end{pmatrix}.$$

第二步：构造效益矩阵 C_3 的补矩阵 D_2, 计算 $\text{per } D_2$.

$$\text{per} D_2 = \text{per} \begin{pmatrix} 0 & 1 & 0 & 1 & 0 \\ 1 & 1 & 0 & 0 & 0 \\ 0 & 0 & 0 & 0 & 1 \\ 1 & 1 & 1 & 1 & 0 \\ 0 & 1 & 1 & 0 & 0 \end{pmatrix} \text{(按第三行展开)} = \text{per} \begin{pmatrix} 0 & 1 & 0 & 1 \\ 1 & 1 & 0 & 0 \\ 1 & 1 & 1 & 1 \\ 0 & 1 & 1 & 0 \end{pmatrix}$$

(按第一行展开)

$$= \text{per} \begin{pmatrix} 1 & 0 & 0 \\ 1 & 1 & 1 \\ 0 & 1 & 0 \end{pmatrix} + \text{per} \begin{pmatrix} 1 & 1 & 0 \\ 1 & 1 & 1 \\ 0 & 1 & 1 \end{pmatrix} = 1 + 3 = 4 \neq 0.$$

第三步：由于 per D_2 不等于 0, 则转第四步.

第四步：检查 C_3 的每行、每列，第三行中 "0" 元素最少，只有一个，只能选它，换成 ⊙ 表示，在 C_3 中把第三行和第五列划去. 在剩下的矩阵中重复上述过程，很容易找到 5 个在不同行、不同列中的 ⊙. 将 5 个 ⊙ 所在位置赋值 "1",其他元素赋值为 "0", 得到的矩阵就是原指派模型的最优解矩阵 X_1.

$$C_3 = \begin{pmatrix} 1 & ⊙ & 1 & 0 & 1 \\ ⊙ & 0 & 1 & 7 & 1 \\ 2 & 4 & 2 & 7 & ⊙ \\ 0 & 0 & 0 & ⊙ & 1 \\ 8 & 0 & ⊙ & 2 & 1 \end{pmatrix}, \quad X_1 = \begin{pmatrix} 0 & 1 & 0 & 0 & 0 \\ 1 & 0 & 0 & 0 & 0 \\ 0 & 0 & 0 & 0 & 1 \\ 0 & 0 & 0 & 1 & 0 \\ 0 & 0 & 1 & 0 & 0 \end{pmatrix}.$$

由性质 3.4 知该指派模型有四组最优解. 另三个最优解矩阵分别为

$$X_2 = \begin{pmatrix} 0 & 0 & 0 & 1 & 0 \\ 1 & 0 & 0 & 0 & 0 \\ 0 & 0 & 0 & 0 & 1 \\ 0 & 1 & 0 & 0 & 0 \\ 0 & 0 & 1 & 0 & 0 \end{pmatrix}, \quad X_3 = \begin{pmatrix} 0 & 0 & 0 & 1 & 0 \\ 1 & 0 & 0 & 0 & 0 \\ 0 & 0 & 0 & 0 & 1 \\ 0 & 0 & 1 & 0 & 0 \\ 0 & 1 & 0 & 0 & 0 \end{pmatrix}, \quad X_4 = \begin{pmatrix} 0 & 0 & 0 & 1 & 0 \\ 0 & 1 & 0 & 0 & 0 \\ 0 & 0 & 0 & 0 & 1 \\ 1 & 0 & 0 & 0 & 0 \\ 0 & 0 & 1 & 0 & 0 \end{pmatrix}.$$

最优解矩阵 X_1 对应分配方案：Ⅰ卸 B_2, Ⅱ卸 B_1, Ⅲ卸 B_5, Ⅳ卸 B_4, Ⅴ卸 B_3. 目标值 $Z = 5 + 1 + 2 + 3 + 4 = 15$. 其他最优解所对应的最优值都为 15.

三、其他问题讨论

1. 不平衡情况 ($m \neq n$)

类似于运输问题，对于不平衡情况，我们通过虚设一个 "产地" 或 "销地" 的方法，使其化为平衡问题. 不同点在于：指派问题的 "产量"、"销量" 均为 1, 故往往要虚设数个 "产地" 或 "销地", 下面以例 3.15 来说明.

例 3.15 已知下列六名运动员各种姿势的游泳成绩 (各为 50 米) 如表 3.41 所示，试问如何从中选拔一个参加 200 米混合泳的接力队，使预期比赛成绩为最好.

表 3.41 (单位: 秒)

	赵	钱	张	王	周	李
仰泳	37.7	32.9	33.8	37.0	35.4	34.6
蛙泳	43.4	33.1	42.2	34.7	41.8	40.3
蝶泳	33.3	28.5	38.9	30.4	33.6	33.2
自由泳	29.2	26.4	29.6	28.5	31.1	29.0

解 由于 "产地" 数 $m = 4$, "销地" 数 $n = 6$, 为不平衡问题，故需虚设两个 "产地" (或岗位), 各自 "运价" (即成绩) 取 0.

此效益矩阵 C 为

$$C = \begin{pmatrix} 37.7 & 32.9 & 33.8 & 37.0 & 35.4 & 34.6 \\ 43.4 & 33.1 & 42.2 & 34.7 & 41.8 & 40.3 \\ 33.3 & 28.5 & 38.9 & 30.4 & 33.6 & 33.2 \\ 29.2 & 26.4 & 29.6 & 28.5 & 31.1 & 29.0 \\ 0 & 0 & 0 & 0 & 0 & 0 \\ 0 & 0 & 0 & 0 & 0 & 0 \end{pmatrix},$$

各元素减去所在行最小值得 C_1

$$C_1 = \begin{pmatrix} 4.8 & 0 & 0.9 & 4.1 & 2.5 & 1.7 \\ 10.3 & 0 & 9.1 & 1.6 & 8.7 & 7.2 \\ 4.8 & 0 & 10.4 & 1.9 & 5.1 & 4.7 \\ 2.8 & 0 & 3.2 & 2.1 & 4.7 & 2.6 \\ 0 & 0 & 0 & 0 & 0 & 0 \\ 0 & 0 & 0 & 0 & 0 & 0 \end{pmatrix},$$

各元素减去同列最小值仍为 C_1, 在 C_1 中显然不存在 6 个 " 0 " 在不同行、不同列, 用最少直线将所有零划去 (3 条直线: 第五行、第六行和第二列), 未被划去的元素最小值 $\Delta_1 = 0.9$. 将未被直线划去的元素均减 Δ_1, 被一直线划去的元素保持不变, 被两直线划去的元素加 Δ_1, 得 C_2

$$C_2 = \begin{pmatrix} 3.9 & 0 & 0 & 3.2 & 1.6 & 0.8 \\ 9.4 & 0 & 8.2 & 0.7 & 7.8 & 6.3 \\ 3.9 & 0 & 9.3 & 1.0 & 4.2 & 3.8 \\ 1.9 & 0 & 2.3 & 1.2 & 3.8 & 1.7 \\ 0 & 0.9 & 0 & 0 & 0 & 0 \\ 0 & 0.9 & 0 & 0 & 0 & 0 \end{pmatrix},$$

C_2 的所有零元素可用 4 条直线: 第一行、第五行、第六行和第二列划去, 显然仍未找到最优解, 继续迭代, $\Delta_2 = 0.7$, 得 C_3

$$C_3 = \begin{pmatrix} 3.9 & 0.7 & 0 & 3.2 & 1.6 & 0.8 \\ 8.7 & 0 & 7.5 & 0 & 7.1 & 5.6 \\ 3.2 & 0 & 8.6 & 0.3 & 3.5 & 3.1 \\ 1.2 & 0 & 1.6 & 0.5 & 3.1 & 1.0 \\ 0 & 1.6 & 0 & 0 & 0 & 0 \\ 0 & 1.6 & 0 & 0 & 0 & 0 \end{pmatrix}.$$

C_3 的所有零元素可用 5 条直线: 第一行、第二行、第五行、第六行和第二列划去, 得 $\Delta_3 = 0.3$, 于是有 C_4

$$C_4 = \begin{pmatrix} 3.9 & 1.0 & 0 & 3.2 & 1.6 & 0.8 \\ 8.7 & 0.3 & 7.5 & 0 & 7.1 & 5.6 \\ 2.9 & 0 & 8.3 & 0 & 3.2 & 2.8 \\ 0.9 & 0 & 1.3 & 0.2 & 2.8 & 0.7 \\ 0 & 1.9 & 0 & 0 & 0 & 0 \\ 0 & 1.9 & 0 & 0 & 0 & 0 \end{pmatrix},$$

C_4 的所有零元素可用 5 条直线: 第五行、第六行、第二列、第三列和第四列划去, 得 $\Delta_4 = 0.7$, 因此有 C_5

$$C_5 = \begin{pmatrix} 3.2 & 1 & 0 & 3.2 & 0.9 & 0.1 \\ 8.0 & 0.3 & 7.5 & 0 & 6.4 & 4.9 \\ 2.2 & 0 & 8.3 & 0 & 2.5 & 2.1 \\ 0.2 & 0 & 1.3 & 0.2 & 2.1 & 0 \\ 0 & 2.6 & 0.7 & 0.7 & 0 & 0 \\ 0 & 2.6 & 0.7 & 0.7 & 0 & 0 \end{pmatrix},$$

C_5 对应的补矩阵 D

$$D = \begin{pmatrix} 0 & 0 & 1 & 0 & 0 & 0 \\ 0 & 0 & 0 & 1 & 0 & 0 \\ 0 & 1 & 0 & 1 & 0 & 0 \\ 0 & 1 & 0 & 0 & 0 & 1 \\ 1 & 0 & 0 & 0 & 1 & 1 \\ 1 & 0 & 0 & 0 & 1 & 1 \end{pmatrix},$$

计算得 per $D = 2$, 故找到最优解, 且有两组最优解

$$X_1 = \begin{pmatrix} 0 & 0 & 1 & 0 & 0 & 0 \\ 0 & 0 & 0 & 1 & 0 & 0 \\ 0 & 1 & 0 & 0 & 0 & 0 \\ 0 & 0 & 0 & 0 & 0 & 1 \\ 1 & 0 & 0 & 0 & 0 & 0 \\ 0 & 0 & 0 & 0 & 1 & 0 \end{pmatrix},$$

$$X_2 = \begin{pmatrix} 0 & 0 & 1 & 0 & 0 & 0 \\ 0 & 0 & 0 & 1 & 0 & 0 \\ 0 & 1 & 0 & 0 & 0 & 0 \\ 0 & 0 & 0 & 0 & 0 & 1 \\ 0 & 0 & 0 & 0 & 1 & 0 \\ 1 & 0 & 0 & 0 & 0 & 0 \end{pmatrix},$$

原问题最优解组数 $= \dfrac{\mathrm{per}D}{(n-m)!} = 1$, 组队方案为:

仰泳——张, 成绩 33.8 秒; 蛙泳——王, 成绩 34.7 秒; 蝶泳——钱, 成绩 28.5 秒; 自由泳——李, 成绩 29.0 秒. 总成绩 $=33.8+34.7+28.5+29.0=126$ (秒).

2. 求目标值最大值情形

与运输问题一样, 对于求目标值最大的情形, 我们可取 $c'_{ij} = -c_{ij}$ 或取 $c'_{ij} = M - c_{ij}$ (M 为适当大的数, 此法不会影响到最优解, 通过此法, 可将 c_{ij} 均变为非负数).

例 3.16 学生 A, B, C, D 的各门成绩如表 3.42, 将该四名学生派去参加各门课的单项竞赛. 竞赛同时举行, 故每人只能参加一项. 若以他们以往的成绩(每门课的满分为 100 分)作为选派依据, 应如何分派最为有利.

表 3.42

	数学	物理	化学	英语
A	89	92	68	81
B	87	88	65	78
C	95	70	85	72
D	75	78	89	96

解 由表 3.42 构造出各人各门课程失分 $(100 - c_{ij})$ 情况, 我们可依据失分总和最少来指派同学参赛, 于是得效益矩阵 C

$$C = \begin{pmatrix} 11 & 8 & 32 & 19 \\ 13 & 12 & 35 & 22 \\ 5 & 30 & 15 & 28 \\ 25 & 22 & 11 & 4 \end{pmatrix},$$

将各元素减去同行最小元素得 C_1

$$C_1 = \begin{pmatrix} 3 & 0 & 24 & 11 \\ 1 & 0 & 23 & 10 \\ 0 & 25 & 10 & 23 \\ 21 & 18 & 7 & 0 \end{pmatrix},$$

将 C_1 中各元素减去同列最小元素得 C_2

$$C_2 = \begin{pmatrix} 3 & 0 & 17 & 11 \\ 1 & 0 & 16 & 10 \\ 0 & 25 & 3 & 23 \\ 21 & 18 & 0 & 0 \end{pmatrix},$$

用 3 条直线覆盖 C_2 的第一列、第二列和第四行, 得未被覆盖的元素的最小值 $\Delta_1 = 3$, 于是 C_3 为

$$C_3 = \begin{pmatrix} 3 & 0 & 14 & 8 \\ 1 & 0 & 13 & 7 \\ 0 & 25 & 0 & 20 \\ 24 & 21 & 0 & 0 \end{pmatrix},$$

用 3 条直线覆盖 C_3 的第二列、第三行和第四行, 得未被覆盖的元素的最小值 $\Delta_2 = 1$, 于是 C_4 为

$$C_4 = \begin{pmatrix} 2 & 0 & 13 & 7 \\ 0 & 0 & 12 & 6 \\ 0 & 26 & 0 & 20 \\ 24 & 22 & 0 & 0 \end{pmatrix},$$

由 C_4 对应的补矩阵 D

$$D = \begin{pmatrix} 0 & 1 & 0 & 0 \\ 1 & 1 & 0 & 0 \\ 1 & 0 & 1 & 0 \\ 0 & 0 & 1 & 1 \end{pmatrix},$$

的积和式 per $D = 1$, 可得最优解方阵

$$X = \begin{pmatrix} 0 & 1 & 0 & 0 \\ 1 & 0 & 0 & 0 \\ 0 & 0 & 1 & 0 \\ 0 & 0 & 0 & 1 \end{pmatrix},$$

即指派方案为: 由 A 参加物理竞赛, B 参加数学竞赛, C 参加化学竞赛, D 参加英语竞赛, 总得分为 $92 + 87 + 85 + 96 = 360$.

讨论、思考题

1. 对平衡运输问题, 试给出一个新的求初始基可行解的方法.

2. 写出平衡运输问题的对偶规划.

3. 将第二节介绍的表上作业法修改成求最大值运输问题的最优解.

4. 试讨论不平衡运输问题模型的特点.

5. 讨论用表上作业法求解平衡运输问题时出现退化的几种情况, 以及解决的方法.

6. 什么情况下, 平衡运输问题有无穷多个最优解? 试以表 3.10 给出的平衡表格为例加以说明, 并给出 3 个最优解.

7. 若将例 3.9 中工厂 A_3 的产量从 600 降低到 550, 其他条件不变, 则该问题能否有类似于原问题的两种解法?

8. 在性质 3.1 中, 以 (c'_{ij}) 为效益矩阵的指派模型的最优解也是以 (c_{ij}) 为效益矩阵的指派模型的最优解, 其中 $c'_{ij} = c_{ij} - u_i - v_j$. 试问这两个模型的最优值有何关系?

9. 在匈牙利方法的第五步中, 若对效益矩阵 C' 可用少于 n 条直线将其所有 "0" 元素覆盖. 则在未被直线覆盖的所有元素中, 找出最小元素 Δ. 所有未被直线覆盖的元素都减去 Δ; 覆盖线十字交叉处元素都加上 Δ; 其余元素不变. 得到的效益矩阵, 这里我们记为 C''. 试证明在有限步后, 一定能在新的效益矩阵中找到 n 个零在不同行、不同列. (提示: 可以考虑效益矩阵 C'' 的所有元素之和比 C' 的所有元素之和严格下降.)

10. 平衡的指派问题一定有最优解, 它为什么没有无穷多个最优解?

参考文献

1 Bazaraa M S, Jarvis J J. Linear Programming and network flows, Chapter 8: The transportation ang assignment problems. John Wiley & Sons, Inc. 1977

2 运筹学教材编写组. 运筹学 (修订版). 清华大学出版社, 1990

3 胡运权. 运筹学教程. 清华大学出版社, 1998

习   题

1. 分别用西北角法、最小元素法及差值法, 求下列运输问题 (表 1 和表 2) 的初始基可行解, 并计算其目标值.

2. 求下列运输问题 (表 3, 表 4, 表 5 和表 6) 的最优解.

3. 某百货公司采购 A、B、C、D 四种规格的服装, 数量分别为 1500 套, 2000 套, 3000 套和 3500 套. 有三个城市 E、F、G 供应这些服装, 供应数量分别为 2500 套, 2500 套和 5000 套. 估计售出后的利润 (元 / 套) 不一样, 如表 7 所示. 试制订一采购方案, 使盈利最多.

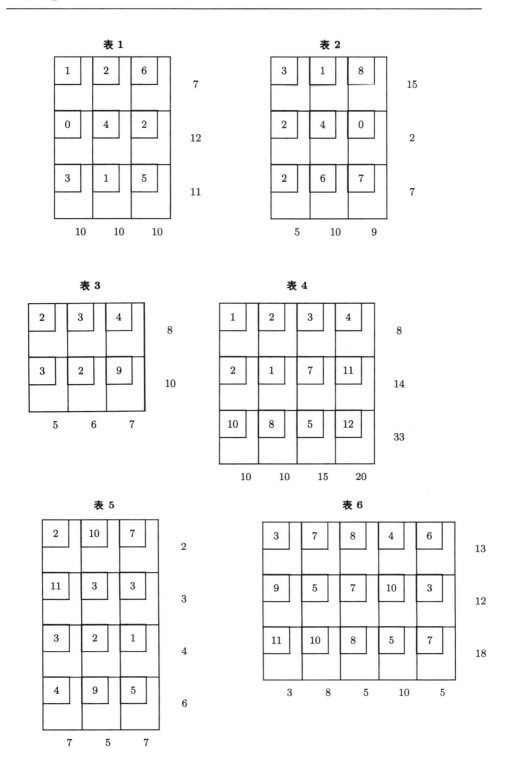

表 7

	A	B	C	D
E	10	5	6	7
F	8	2	7	6
G	9	3	4	8

4. 有一电子公司拥有 122 名技术员, 分散在 A、B、C、D, 人数分别为 23, 19, 47 和 33 人. 该公司有五家维修部 E、F、G、H 和 I, 需要技术员分别为 18, 27, 22, 37 和 18 人. 该公司派出一名技术员的费用表如表 8 所示. 试求最优分派方案.

表 8

	E	F	G	H	I
A	7	8	5	6	4
B	10	3	6	7	8
C	7	9	6	5	5
D	9	8	6	7	7

5. 某造船厂根据合同要在当年算起的连续三年末各提供三条规格相同的大型货轮. 已知该厂今后三年的生产能力及生产成本如表 9 所示.

表 9

年度	正常生产时可完成的货轮数	加班可完成数	正常成本／条
1	2	3	500 万元
2	4	2	600 万元
3	1	3	550 万元

已知加班生产情况下每条货轮成本比正常生产时高出 70 万元. 又知造出的货轮如当年不交货, 每条货轮每年积压一年增加维护保养等损失为 40 万元. 在签订合同时该厂已有两条积压未交货的货轮, 该厂希望在第三年末在交完合同任务后能储存一条备用. 问该厂应如何安排计划, 使在满足上述要求的条件下, 总的支出费用最少?

6. 在 $A_1, A_2, A_3, A_4, A_5, A_6$ 六个地点之间有下列物资需要运输, 见表 10.

表 10

货物	起运点	到达点	运量 / 车次
砖	A_1	A_3	11
砖	A_1	A_5	2
砖	A_1	A_6	6
沙子	A_2	A_1	14
沙子	A_2	A_3	3
沙子	A_2	A_6	3
炉灰	A_3	A_1	9
块石	A_3	A_4	7
块石	A_3	A_6	5
炉灰	A_4	A_1	4
卵石	A_4	A_2	8
卵石	A_4	A_5	3
木材	A_5	A_2	2
钢材	A_6	A_4	4

已知各点之间的距离, 如表 11 (单位: 公里). 试确定一个最优的汽车调度方案.

表 11

	A_2	A_3	A_4	A_5	A_6
A_1	2	11	9	13	15
A_2		2	10	14	10
A_3			4	5	9
A_4				4	16
A_5					6

7. 已知甲、乙两处分别有 70 和 55 吨物资外运, A、B、C 三处各需要物资 34、40、50 吨. 物资可以直接运达目的地, 也可以经某些点转运, 已知各处之间的距离 (千米) 如表 12、表 13、表 14 所示, 试确定一个最优调运方案.

表 12

发点 / 收点	甲	乙
甲	0	12
乙	10	0

表 13

发点 / 收点	A	B	C
甲	10	14	12
乙	15	12	18

表 14

发点 / 收点	A	B	C
A	0	14	11
B	10	0	4
C	8	12	0

8. 某机床厂制造机床, 已知全年四个季度有生产能力依次是 40, 50, 35, 30 台. 各季度生产一台机床的成本依次是 1.20, 1.15, 1.10, 1.25 万元. 如果制造出的机床在该季度内没有售出, 从下一个季度起每季度的存储费为 0.10 万元. 各季度的销售量是 28, 47, 45, 22 台. 问如何安排各季度的生产台数, 可使支付费用最少?

9. 有 4 个工人, 要指派他们完成 4 项工作. 每人做各项工作所消耗的时间 (小时) 如表 15. 问如何指派工作, 使总消耗时间最少?

表 15

工人 / 工作	A	B	C	D
甲	3	3	5	3
乙	3	2	5	2
丙	1	5	1	6
丁	4	6	4	10

10. 考虑把四道工序分配到四台机床上加工. 分配成本 (单位: 元) 如表 16 所示. 工序 1 不能分配到机床 3 上. 工序 3 又不能分配到机床 4 上. 求最优分配方案.

表 16

工序 / 机床	1	2	3	4
1	5	5	—	2
2	7	4	2	3
3	9	3	5	—
4	7	2	6	7

11. 已知甲、乙、丙、丁、戊五人执行下述各种操作的能力 (分数) 如表 17 所示, 问应如何分派工作, 使每人担任一项工作且分数总和最大?

表 17

工人 / 工作	平车	考克	卷边	绷缝	打眼
甲	1.3	0.8	0	0	1.0
乙	0	1.2	1.3	1.3	0
丙	1.0	0	0	1.2	0
丁	0	1.05	0	0	1.4
戊	1.0	0.9	0.6	0	1.1

12. 有 4 种工作可由 5 台不同机床加工. 每种工作在每台机床上加工的准备工作时间 (单位: 分钟) 如表 18, 求总的准备时间最少的分配方案.

表 18

工作 / 机床	1	2	3	4	5
1	10	11	4	2	8
2	7	11	10	14	12
3	5	6	9	12	14
4	13	15	11	10	7

第 4 章   整数规划模型

整数规划 (integer programming，简记 IP) 是近三十年来发展起来的、规划论的一个重要的理论分支. 整数规划问题是要求决策变量取整数值的线性或非线性规划问题. 由于整数非线性规划尚无一般解法, 因此本文仅考虑整数线性规划模型及其解法, 下文所提及的整数规划专指整数线性规划.

根据对所有变量的要求不同, 整数规划又分为:

(1) **纯整数规划**: 所有决策变量均要求为整数的整数规划.

(2) **混合整数规划**: 部分决策变量要求为整数的整数规划.

(3) **纯 0-1 整数规划**: 所有决策变量均要求为 0-1 的整数规划. 第 3 章中的指派问题即为典型的纯 0-1 整数规划问题.

(4) **混合 0-1 规划**: 部分决策变量要求为 0-1 的整数规划.

整数规划与线性规划不同之处只在于增加了变量为整数约束. 不考虑变量为整数约束所得到的线性规划称为 **整数规划的线性松弛模型**, 它的最优解对求原整数规划的最优解有着十分重要的作用.

§4.1   整数规划模型及穷举法

一、整数规划模型

在现实生活中, 当决策变量代表产品的件数、个数、台数、箱数、艘数、辆数等时, 往往只能取整数值. 如 §1.1 中的第五个模型 (截料模型), 就是一个整数规划模型, 该例的决策变量代表所截钢管的根数, 显然只能取整数值. 整数规划模型也有其广泛的应用领域, 从以下几个例子中可以窥其一斑.

例 4.1   某厂在一个计划期内拟生产甲、乙两种大型设备. 该厂有充分的生产能力来加工制造这两种设备的全部零件, 所需原材料和能源也可满足供应, 但 A、B 两种紧缺物资的供应受到严格限制, 每台设备所需原材料如下表所示. 问该厂在本计划期内应安排生产甲、乙设备各多少台, 才能使利润达到最大?

原料/设备	甲	乙	可供资源数量
A/ 吨	1	1	6
B/ 千克	5	9	45
每台单位利润 / 万元	5	6	

解 设 x_1，x_2 分别为该计划期内生产甲、乙设备的台数，Z 为生产这两种设备可获得的总利润. 显然 x_1，x_2 都必须是非负整数，因此它是一个 (纯) 整数规划问题. 其数学模型为

$$
\begin{aligned}
\max \quad & Z = 5x_1 + 6x_2, \\
\text{s.t.} \quad & x_1 + x_2 \leqslant 6, \\
& 5x_1 + 9x_2 \leqslant 45, \\
& x_1, x_2 \geqslant 0, \\
& x_1, x_2 \text{为整数}.
\end{aligned}
$$

例 4.2 (投资决策模型) 设有 n 个投资项目，其中第 j 个项目需要资金 a_j 万元，将来可获利润 c_j 万元. 若现有资金总额为 b 万元，则应选择哪些投资项目，才能获利最大？

解 设

$$
x_j = \begin{cases} 1, & \text{对第 } j \text{ 个项目投资;} \\ 0, & \text{不然.} \end{cases}
$$

这里 $j = 1, 2, \cdots, n$. 设 Z 为可获得的总利润 (万元)，则该问题的数学模型为

$$
\begin{aligned}
\max \quad & Z = \sum_{j=1}^{n} c_j x_j, \\
\text{s.t.} \quad & \sum_{j=1}^{n} a_j x_j \leqslant b, \\
& x_j = 0 \text{ 或 } 1 \qquad (j = 1, 2, \cdots, n).
\end{aligned}
$$

这是一个纯 0-1 规划，因为所有的决策变量 $x_j (j = 1, 2, \cdots, n)$，只能取 0 或 1 值.

例 4.2 中的模型一般称为 "0-1 背包问题"，因为它最初来自描述一个旅行者在旅途中携带哪些物品的问题. c_j 表示第 j 种物品的价值或效用，a_j 表示其重量，而 b 则表示旅行者所能承受的最大负重. 若允许所携带的同一种物品多于一件，则只需把约束条件 "$x_j = 0$ 或 1" 改换成 "$x_j \geqslant 0$ 且为整数" 即可. 这时该模型就是一个纯整数规划，同时也叫 "一般背包问题"，它是整数规划一个重要的典型模型，因为许多实际问题都可归结为这类模型，而且它的解法曾推动了一般整数规划解法的研究与发展.

例 4.3 (物资调拨模型) 某厂拟用 a 元资金生产 m 种设备 $A_1, A_2, \cdots, A_m$，其中设备 A_i 单位成本为 $p_i (i = 1, 2, \cdots, m)$. 现有 n 个销售地点 $B_1, B_2, \cdots, B_n$，其中 B_j 处可销售各种设备最多为 b_j 台 $(j = 1, 2, \cdots, n)$. 预计将一台设备

A_i 在 B_j 处销售可获利 c_{ij} 元, 则应如何调拨这些设备, 才能使预计总利润为最大?

解 设 y_i 为生产设备 A_i 的台数, x_{ij} 是设备 A_i 调拨到 B_j 处销售的台数, Z 为预计能获得的总利润 (元). 则该问题的数学模型为

$$\max \quad Z = \sum_{i=1}^{m}\sum_{j=1}^{n} c_{ij}x_{ij},$$

$$\text{s.t.} \quad \sum_{j=1}^{n} x_{ij} \leqslant y_i \qquad (i=1,2,\cdots,m),$$

$$\sum_{i=1}^{m} x_{ij} \leqslant b_j \qquad (j=1,2,\cdots,n),$$

$$\sum_{i=1}^{m} p_i y_i \leqslant a,$$

$$x_{ij} \geqslant 0, y_i \geqslant 0,$$

$$x_{ij}, y_i \text{均为整数}.$$

例 4.4(选址问题) 某种商品有 n 个销售地, 各销售地每月的需求量分别为 b_j 吨 $(j=1,2,\cdots,n)$. 现拟在 m 个地点中选址建厂, 用来生产这种产品以满足供应, 且规定一个地址最多只能建一个工厂. 若选择第 i 个地址建厂, 将来生产能力每月为 a_i 吨, 每月的生产成本为 d_i 元 $(i=1,2,\cdots,m)$. 已知从第 i 个工厂至第 j 销售地点的运价为 c_{ij} 元 / 吨. 应如何选择厂址和安排调运, 可使总的费用最少?

解 设每月从厂址 i 至销售地 j 的运量为 x_{ij} 吨, Z 为每月的总费用 (元),

$$y_i = \begin{cases} 1, & \text{若在第 } i \text{ 址建厂}; \\ 0, & \text{否则}. \end{cases}$$

则该问题的数学模型为

$$\min \quad Z = \sum_{i=1}^{m}\sum_{j=1}^{n} c_{ij}x_{ij} + \sum_{i=1}^{m} d_i y_i,$$

$$\text{s.t.} \quad \sum_{j=1}^{n} x_{ij} \leqslant a_i y_i \qquad (i=1,2,\cdots,m),$$

$$\sum_{i=1}^{m} x_{ij} = b_j \qquad (j=1,2,\cdots,n),$$

$$x_{ij} \geqslant 0, y_i = 0\text{或}1.$$

二、穷举法

类似于线性规划模型的图解法, 对于二维的整数规划模型也有相应的几何方法——穷举法. 这种方法简单直观, 便于更好地理解整数规划模型及其最优解的性

质, 并希望从中得到启发, 寻找出解决一般整数规划的通用方法. 下面就以下例来说明该法的实施步骤.

例 4.5 用穷举法求例 4.1 中的整数规划模型的最优解

$$\begin{aligned} \max \quad & Z = 5x_1 + 6x_2, \\ \text{s.t.} \quad & x_1 + x_2 \leqslant 6, \\ & 5x_1 + 9x_2 \leqslant 45, \\ & x_1, x_2 \geqslant 0, \\ & x_1, x_2 \text{为整数}. \end{aligned}$$

解

(1) 先作出该模型的线性松弛模型的可行域, 并在域内用 "•" 号标记所有代表整数可行解的点 (图 4.1).

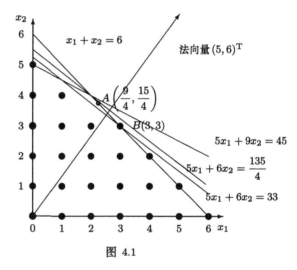

图 4.1

(2) 再作出目标函数的等值线及其法线方向 $(5,6)^{\mathrm{T}}$, 按线性规划的图解法找出松弛模型的最优点 $A\left(\dfrac{9}{4}, \dfrac{15}{4}\right)$.

(3) 再让目标函数的等值线从 A 点逆着模型目标要求的有利方向 (在本例求 max 时即逆着 Z 等值线的法线方向) 朝可行域内平移, 首次碰到的那个 "•" 号点 $B(3,3)$, 就是该整数规划模型的最优点, 最优值为 33.

穷举法尽管往往不是有效的和常用的方法, 但却是最自然想到和直观的方法, 而对有些模型也可能是惟一的、无可奈何的方法. 有时通过对穷举法的研究, 能够从中得到启发, 从而寻找到新的方法. 满足整数规划所有约束条件的可行解的集合, 很多情况下是有限集合, 这为穷举法的应用提供了可能. 能否对整数规划的线性松弛模型的最优解，经过取整或四舍五入得到整数规划的最优解呢？在上例中整数规划模型的最优点 $B = (3,3)$，线性松弛模型的最优点为 $A = \left(\dfrac{9}{4}, \dfrac{15}{4}\right)$，将 A 坐标四舍五入得点 $(2,4)$，该点不是可行点，自然也就不是最优点；若将 A 坐标取整得 $(2,3)$，虽然是可行解，但它不是最优解. 由此可见，这些设想是行不通的，事实上整数规划模型的求解是困难问题，至今还没有有效的算法 (即多项式算法). 然而，在上例中整数规划模型的最优点 $B = (3,3)$，还是非常靠近线性松弛模型的最优点 $A = \left(\dfrac{9}{4}, \dfrac{15}{4}\right)$. 因此，我们进一步设想：通过求出线性松弛模型的最优解，然后对该点附近的可行解进行讨论，以期得到整数规划的最优解.

§4.2 分支定界法与割平面法

一、分支定界法

分支定界法是 Land 和 Doig 提出经 Dakin 修正的一种方法. 分支定界法的基本思想是根据某种规则将原整数模型的可行域分解为越来越小的子区域，并检查某个子区域内整数解的情况，直到找到最优的整数解或探明整数解不存在. 根据整数规划模型性质的不同，存在许多不同的分支定界方法以及分支定界的技巧，在此只对分支定界的一般原理作一简单的介绍.

在介绍具体算法之前，以下几个重要的事实是容易理解的：

(1) 如果求解一个整数规划的线性松弛模型时得到一个整数解，这个解一定也是整数规划的最优解. 然而，求解实际模型时，这种巧合的机率很小；

(2) 如果得到的解不是一个整数解，则最优整数解的目标值一定不会优于所得到的线性松弛模型的目标函数值. 因此，线性规划松弛模型的最优值是整数规划目标函数值的一个界 (对最大化模型为上界，对最小化模型为下界)；

(3) 如果在求解过程中已经找到一个整数解，则最优整数解一定不会劣于该整数解. 因此，它也是最优整数解目标值的一个界 (对最大化模型为下界，对最小化模型为上界).

如果用 P_0 记线性松弛模型，Z_0 表示线性松弛模型的最优目标值，用 Z_i 表示已经找到的最好整数解的目标值，Z^* 为原整数规划的最优值，$\underline{Z}$ 表示下界，$\overline{Z}$ 表示上界，则最优值一定满足以下关系

$$\underline{Z} = Z_i \leqslant Z^* \leqslant Z_0 = \overline{Z} \quad \text{(对最大化模型)};$$

$$\underline{Z} = Z_0 \leqslant Z^* \leqslant Z_i = \overline{Z} \quad \text{(对最小化模型)}.$$

分支定界法思想就是不断降低上界，提高下界，最后使得下界充分接近上界或所有的分支都已经检查过，就可以搜索到最优整数解. 分支定界法从求解线性规划

松弛模型开始, 将线性松弛模型的可行域分成许多小的子区域, 这一过程称为 **分支** (此时, 实际上将一个模型分解为两个子模型); 通过分支和找到更好的整数可行解来不断修改模型的上下界, 这一过程称为 **定界**, 这就是分支定界法的由来. 以下对分支定界法的基本步骤进行简单的讨论 (以下计算过程均假定模型求最大值).

(1) 对给定的整数规划模型, 放松整数约束, 求解它的线性松弛模型的最优解. 如果得到的解是整数解, 该解即为整数规划的最优解. 否则, 所得到的最优值可作为该整数模型最优值的初始上界. 初始下界一般设为负无穷.

(2) 从任何一个模型或子模型中不满足整数要求的变量中选出一个进行分支处理. 通过加入一对互斥的约束, 将一个 (子) 模型分解为两个受到更多约束的子模型, 并强迫不为整数的变量进一步逼近整数值. 例如, 如果选中的该模型最优解中变量 $x_i = b_i$, 其值不满足整数要求, b_i 的整数部分为 $[b_i]$, 则在一个子模型中增加约束 $x_i \geqslant [b_i] + 1$, 在另一个子模型中增加约束 $x_i \leqslant [b_i]$. 分支过程砍掉了在 $x_i = [b_i]$ 和 $x_i = [b_i] + 1$ 之间的非整数区域, 缩小了搜索的区域, 并将一个 (子) 模型分解为两个子模型.

每个子模型都是一个线性规划模型, 如果它的最优解不满足整数要求, 对该子模型还必须继续向下进行分支, 所有分支可以形成一个树形图. 树形图最上面为线性松弛模型, 它有两个分支, 每个分支又会有两个子分支, 分支可继续进行下去, 直到找到一个有整数最优解的分支或判断出该分支不可行时为止.

(3) 通过不断地分支和求解各个子模型的最优解, 不断修正最优值的上下界. 上界通常由同一层次上各分支最优值的最大值确定, 下界则由已经能够找到的最好的整数解的目标值确定. 求解任何一个子模型都有以下四种可能的结果:

① 子模型无可行解, 此时无需继续向下分支;

② 子模型的最优解满足原整数规划变量整数约束, 则不必继续向下分支. 如果该整数解是目前得到的最好的整数解, 则被记录下来, 并用它的值作为新的下界;

③ 子模型的最优值介于目前所得到的上下界之外, 则无需继续向下分支;

④ 最优解不满足原整数规划变量整数约束, 最优值介于目前所得到的上下界之间, 则该模型才有继续向下搜索的必要.

(4) 直到每一个子模型均无需继续向下分支时, 整数规划模型的最优解才找到, 即为满足原整数规划变量整数约束的各子模型的最优解中的最好者.

为了更好地说明用分支定界法求整数规划最优解的过程, 我们选择了只有两个变量的例 4.6, 其线性松弛模型及各子模型均可用图解法找出最优解. 此后我们还利用对偶单纯形法替代图解法, 求出其线性松弛模型及各子模型的最优解.

例 4.6 用分支定界法求解下列整数规划

$$\begin{aligned}
\max \quad & Z = 5x_1 + 6x_2, \\
\text{s.t.} \quad & x_1 + x_2 \leqslant 6, \\
& 5x_1 + 9x_2 \leqslant 45, \\
& x_1, x_2 \geqslant 0, \\
& x_1, x_2 \text{为整数}.
\end{aligned}$$

解　求解该模型的线性松弛模型 P_0，得到最优值 $Z_0 = \dfrac{135}{4}$，最优解为 $x_1 = \dfrac{9}{4}$，$x_2 = \dfrac{15}{4}$. 因为该模型是求最大值模型，整数规划的最优值不可能大于 Z_0，也不可能小于负无穷，所以可令上界 $\overline{Z} = Z_0 = \dfrac{135}{4}$，下界 $\underline{Z} = -\infty$.

由于此时两个变量都不是整数，我们可从中选择一个变量进行分支. 假定选 x_1，要求 x_1 变为整数，因此希望 x_1 或者小于等于 2，或者大于等于 3. 分支后形成两个子模型，子模型 P_1 由 P_0 增加约束 $x_1 \leqslant 2$ 得到，子模型 P_2 由 P_0 增加约束 $x_1 \geqslant 3$ 得到. 具体如下

$$\begin{aligned}
(P_1)\max \quad & Z = 5x_1 + 6x_2, & \qquad (P_2)\max \quad & Z = 5x_1 + 6x_2, \\
\text{s.t.} \quad & x_1 + x_2 \leqslant 6, & \text{s.t.} \quad & x_1 + x_2 \leqslant 6, \\
& 5x_1 + 9x_2 \leqslant 45, & & 5x_1 + 9x_2 \leqslant 45, \\
& x_1 \leqslant 2, & & x_1 \geqslant 3, \\
& x_1, x_2 \geqslant 0. & & x_1, x_2 \geqslant 0.
\end{aligned}$$

用图解法容易求出子模型 P_1 的最优值为 $Z_1 = \dfrac{100}{3}$，最优解为 $x_1 = 2$，$x_2 = \dfrac{35}{9}$. 该解还不是整数解，还应继续分支. 由于子模型 P_1 中只有 x_2 取值不是整数，应用 x_2 进行分支. 分支后又形成两个新的子模型 P_3 和 P_4. 子模型 P_3 是由子模型 P_1 加上约束 $x_2 \leqslant 3$ 形成的，子模型 P_4 是由子模型 P_1 加上约束 $x_2 \geqslant 4$ 构成的.

$$\begin{aligned}
(P_3)\max \quad & Z = 5x_1 + 6x_2, & \qquad (P_4)\max \quad & Z = 5x_1 + 6x_2, \\
\text{s.t.} \quad & x_1 + x_2 \leqslant 6, & \text{s.t.} \quad & x_1 + x_2 \leqslant 6, \\
& 5x_1 + 9x_2 \leqslant 45, & & 5x_1 + 9x_2 \leqslant 45, \\
& x_1 \leqslant 2, & & x_1 \leqslant 2, \\
& x_2 \leqslant 3, & & x_2 \geqslant 4, \\
& x_1, x_2 \geqslant 0. & & x_1, x_2 \geqslant 0.
\end{aligned}$$

子模型 P_2 的最优值为 $Z_2 = 33$，最优解为 $x_1 = 3$，$x_2 = 3$. 该解已是整数解，不需继续分支，且新的下界可计算如下

$$\underline{Z} = \max\{Z_2, \underline{Z}\} = \max\{33, -\infty\} = 33.$$

子模型 P_3 的最优值为 $Z_3 = 28$，最优解为 $x_1 = 2$，$x_2 = 3$，该解是整数解，但最优值小于现有目标值的下界，所以子模型 P_3 无需继续向下分支.

子模型 P_4 的可行域为三角形，最优值为 $Z_4 = 33$，最优解为 $x_1 = \dfrac{9}{5}$，$x_2 = 4$. 尽管该最优解仍不满足所有整数要求，最优值也在现有的上下界之间，但在本例中子模型 P_4 不需再进行分支，因为不可能找到比子模型 P_2 更好的、满足所有整数要求的最优解.

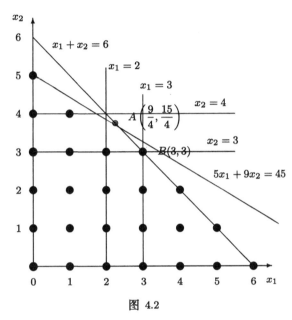

图 4.2

于是整数规划模型的最优解为子模型 P_2 中得到的最优解，即 $x_1^* = 3$, $x_2^* = 3$，最优值为 33.

为了清晰地描述求解的全过程，我们作出各子模型关系的树形图 (图 4.3).

对于三个或三个以上变量的线性规划，我们不可能用图解法求其最优解. 求例 4.6 中的整数规划的最优解，实际上求解了五个线性规划的最优解. 因此可见，求解整数规划的计算量是非常大的. 用单纯形方法求解该例中线性松弛模型及各子模型的最优解时，应充分利用各模型之间的特殊关系，保留更多的信息，结合对偶单纯形方法，可大大地减少计算量. 下面给出该例的单纯形解法的详细过程，以便推广应用到三个或三个以上变量的整数规划模型的求解.

用单纯形方法求整数规划的线性松弛模型（即模型 P_0）的最优解，必须先将其化到标准型

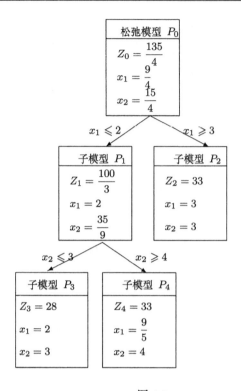

图 4.3

$$\begin{aligned} \min \quad & Z = -5x_1 - 6x_2, \\ \text{s.t.} \quad & x_1 + x_2 + x_3 = 6, \\ & 5x_1 + 9x_2 + x_4 = 45, \\ & x_1, x_2, x_3, x_4 \geqslant 0. \end{aligned}$$

从表 4.1 得 P_0 的最优值 $Z_0 = \dfrac{135}{4}$ ，最优解为 $x_1 = \dfrac{9}{4}$ ， $x_2 = \dfrac{15}{4}$.
将 P_1 化为标准型

$$\begin{aligned} \min \quad & Z = -5x_1 - 6x_2, \\ \text{s.t.} \quad & x_1 + x_2 + x_3 = 6, \\ & 5x_1 + 9x_2 + x_4 = 45, \\ & x_1 + x_5 = 2, \\ & x_1, x_2, x_3, x_4, x_5 \geqslant 0. \end{aligned}$$

表 4.1 求 P_0 的最优解

	x_1	x_2	x_3	x_4	
x_4	1	1	1	0	6
x_5	5	9*	0	1	45
	-5	-6	0	0	
x_4	$\dfrac{4}{9}^*$	0	1	$-\dfrac{1}{9}$	1
x_2	$\dfrac{5}{9}$	1	0	$\dfrac{1}{9}$	5
	$-\dfrac{15}{9}$	0	0	$\dfrac{2}{3}$	
x_1	1	0	$\dfrac{9}{4}$	$-\dfrac{1}{4}$	$\dfrac{9}{4}$
x_2	0	1	$-\dfrac{5}{4}$	$\dfrac{1}{4}$	$\dfrac{15}{4}$
	0	0	$\dfrac{15}{4}$	$\dfrac{1}{4}$	

在表 4.1 中的最后表格 (即最优单纯形表) 中加入一行和一列, 得表 4.2 , 用来求 P_1 的最优解 (其中第二个表格给出 P_1 对偶规划的初始可行解, 该表必须满足: 由基变量 x_1, x_2 和 x_5 所对应的表格中的第一、二、五列向量组成单位矩阵, 然后用对偶单纯形法进行计算, 即得 P_1 的最优解).

从表 4.2 得 P_1 的最优值 $Z_1 = \dfrac{100}{3}$, 最优解为 $x_1 = 2$, $x_2 = \dfrac{35}{9}$.

将 P_2 化为标准型

$$
\begin{aligned}
\min \quad & Z = -5x_1 - 6x_2, \\
\text{s.t.} \quad & x_1 + x_2 + x_3 = 6, \\
& 5x_1 + 9x_2 + x_4 = 45, \\
& -x_1 + x_5 = -3, \\
& x_1, x_2, x_3, x_4, x_5 \geqslant 0.
\end{aligned}
$$

类似地, 在表 4.1 中的最后表格 (即最优单纯形表) 中加入一行和一列, 得表 4.3 , 用来求 P_2 的最优解.

表 4.2　求 P_1 的最优解

	x_1	x_2	x_3	x_4	x_5	
x_1	1	0	$\frac{9}{4}$	$-\frac{1}{4}$	0	$\frac{9}{4}$
x_2	0	1	$-\frac{5}{4}$	$\frac{1}{4}$	0	$\frac{15}{4}$
x_5	1	0	0	0	1	2
	0	0	$\frac{15}{4}$	$\frac{1}{4}$	0	
x_1	1	0	$\frac{9}{4}$	$-\frac{1}{4}$	0	$\frac{9}{4}$
x_2	0	1	$-\frac{5}{4}$	$\frac{1}{4}$	0	$\frac{15}{4}$
x_5	0	0	$-\frac{9}{4}$ *	$\frac{1}{4}$	1	$-\frac{1}{4}$
	0	0	$\frac{15}{4}$	$\frac{1}{4}$	0	
x_1	1	0	0	0	1	2
x_2	0	1	0	$\frac{1}{9}$	$-\frac{5}{9}$	$\frac{35}{9}$
x_3	0	0	1	$-\frac{1}{9}$	$-\frac{4}{9}$	$\frac{1}{9}$
	0	0	0	$\frac{2}{3}$	$\frac{5}{3}$	

表 4.3　求 P_2 的最优解

	x_1	x_2	x_3	x_4	x_5	
x_1	1	0	$\frac{9}{4}$	$-\frac{1}{4}$	0	$\frac{9}{4}$
x_2	0	1	$-\frac{5}{4}$	$\frac{1}{4}$	0	$\frac{15}{4}$
x_5	-1	0	0	0	1	-3
	0	0	$\frac{15}{4}$	$\frac{1}{4}$	0	
x_1	1	0	$\frac{9}{4}$	$-\frac{1}{4}$	0	$\frac{9}{4}$
x_2	0	1	$-\frac{5}{4}$	$\frac{1}{4}$	0	$\frac{15}{4}$
x_5	0	0	$\frac{9}{4}$	$-\frac{1}{4}$ *	1	$-\frac{3}{4}$
	0	0	$\frac{15}{4}$	$\frac{1}{4}$	0	

	x_1	x_2	x_3	x_4	x_5	
x_1	1	0	0	0	-1	3
x_2	0	1	1	0	1	3
x_4	0	0	-9	1	-4	3
	0	0	6	0	1	

从表 4.3 得 P_2 的最优值 $Z_2 = 33$，最优解为 $x_1 = 3$，$x_2 = 3$.
将 P_3 化为标准型

$$\min \quad Z = -5x_1 - 6x_2,$$
$$\text{s.t.} \quad x_1 + x_2 + x_3 = 6,$$
$$5x_1 + 9x_2 + x_4 = 45,$$
$$x_1 + x_5 = 2,$$
$$x_2 + x_6 = 3,$$
$$x_1, x_2, x_3, x_4, x_5, x_6 \geqslant 0.$$

在表 4.2 中的最后表格中加入一行和一列，得表 4.4，用来求 P_3 的最优解.

表 4.4　求 P_3 的最优解

	x_1	x_2	x_3	x_4	x_5	x_6	
x_1	1	0	0	0	1	0	2
x_2	0	1	0	$\frac{1}{9}$	$-\frac{5}{9}$	0	$\frac{35}{9}$
x_3	0	0	1	$-\frac{1}{9}$	$-\frac{4}{9}$	0	$\frac{1}{9}$
x_6	0	1	0	0	0	1	3
	0	0	0	$\frac{2}{3}$	$\frac{5}{3}$	0	
x_1	1	0	0	0	1	0	2
x_2	0	1	0	$\frac{1}{9}$	$-\frac{5}{9}$	0	$\frac{35}{9}$
x_3	0	0	1	$-\frac{1}{9}$	$-\frac{4}{9}$	0	$\frac{1}{9}$
x_6	0	0	0	$-\frac{1}{9}^*$	$\frac{5}{9}$	1	$-\frac{8}{9}$
	0	0	0	$\frac{2}{3}$	$\frac{5}{3}$	0	

续表

	x_1	x_2	x_3	x_4	x_5	x_6	
x_1	1	0	0	0	1	0	2
x_2	0	1	0	0	0	1	3
x_3	0	0	1	0	-1	-1	1
x_4	0	0	0	1	-5	-9	8
	0	0	0	0	5	6	

从表 4.4 得 P_3 的最优值 $Z_3 = 28$，最优解为 $x_1 = 2$，$x_2 = 3$.
将 P_4 化为标准型

$$\begin{aligned}
\min \quad & Z = -5x_1 - 6x_2, \\
\text{s.t.} \quad & x_1 + x_2 + x_3 = 6, \\
& 5x_1 + 9x_2 + x_4 = 45, \\
& x_1 + x_5 = 2, \\
& -x_2 + x_6 = -4, \\
& x_1, x_2, x_3, x_4, x_5, x_6 \geqslant 0.
\end{aligned}$$

表 4.5 求 P_4 的最优解

	x_1	x_2	x_3	x_4	x_5	x_6	
x_1	1	0	0	0	1	0	2
x_2	0	1	0	$\dfrac{1}{9}$	$-\dfrac{5}{9}$	0	$\dfrac{35}{9}$
x_3	0	0	1	$-\dfrac{1}{9}$	$-\dfrac{4}{9}$	0	$\dfrac{1}{9}$
x_6	0	-1	0	0	0	1	-4
	0	0	0	$\dfrac{2}{3}$	$\dfrac{5}{3}$	0	
x_1	1	0	0	0	1	0	2
x_2	0	1	0	$\dfrac{1}{9}$	$-\dfrac{5}{9}$	0	$\dfrac{35}{9}$
x_3	0	0	1	$-\dfrac{1}{9}$	$-\dfrac{4}{9}$	0	$\dfrac{1}{9}$
x_6	0	0	0	$\dfrac{1}{9}$	$-\dfrac{5}{9}^{*}$	1	$-\dfrac{1}{9}$
	0	0	0	$\dfrac{2}{3}$	$\dfrac{5}{3}$	0	

续表

	x_1	x_2	x_3	x_4	x_5	x_6	
x_1	1	0	0	$\dfrac{1}{5}$	0	$\dfrac{9}{5}$	$\dfrac{9}{5}$
x_2	0	1	0	0	0	-1	4
x_3	0	0	1	$-\dfrac{1}{5}$	0	$-\dfrac{1}{5}$	$\dfrac{1}{5}$
x_4	0	0	0	$-\dfrac{1}{5}$	1	$-\dfrac{9}{5}$	$\dfrac{1}{5}$
	0	0	0	1	0	3	

在表 4.2 中的最后表格中加入一行和一列, 得表 4.5, 用来求 P_4 的最优解. 从表 4.5 得 P_4 的最优值 $Z_4 = 33$, 最优解为 $x_1 = \dfrac{9}{5}$, $x_2 = 4$.

用分支定界法求解整数规划的最优解时, 结合单纯形和对偶单纯形方法求得各个模型与子模型的最优解及最优值, 同时将它们填入如图 4.3 的树形图中, 就很方便地得到整数规划的最优解及最优值.

二、割平面法

整数规划的割平面法因系高莫瑞于 1958 年首创, 用于求纯整数规划的最优解. 故称为 **高莫瑞割平面法**(Comory cutting plane algorithm), 以区别于后来其他割平面法. 该方法的基本思想是在其线性松弛问题 (LP) 中逐次增加一个新约束 (即割平面), 它能割去原松弛可行域中一块不含整数解的区域. 逐次切割下去, 直到切割最终所得松弛可行域的一个最优极点满足原整数规划的整数约束为止.

那么如何构造这样的割平面呢? 下面介绍这一巧妙而独特的构造方法.

设 $\hat{X} = (\hat{x_1}, \hat{x_2}, \cdots, \hat{x_n})^{\mathrm{T}}$ 是纯整数规划的一个关于基 B 的线性松弛模型 (LP) 解, 若 $\hat{x}_j (j = 1, 2, \cdots, n)$ 全为整数, 则 $\hat{X}$ 就是原问题的最优解; 若 $\hat{x}_j (j = 1, 2, \cdots, n)$ 不全为整数, 不妨设 (LP) 问题的最优单纯形表的第 i 行的基变量 x_{B_i} 取值不是整数, 它所在的方程为

$$x_{B_i} + \sum_{j \in J} a'_{ij} x_j = b'_i, \tag{4.1}$$

其中

$$J = \left\{ j \mid x_j \text{是关于基 } B \text{ 的非基变量} \right\}$$

即为非基变量的下标集. $\hat{x}_{B_i} = b'_i$ 不是整数. 对整数规划的任意一个可行解 $x = (x_1, x_2, \cdots, x_n)^{\mathrm{T}}$ 也满足 (4.1) 式. 我们把 (4.1) 式中的 $a'_{ij} (j \in J)$ 与 b'_i 都分解为一个整数 N 与一个正的真分数 f 两数之和

$$a'_{ij} = N_{ij} + f_{ij} \quad (0 \leqslant f_{ij} < 1),$$

$$b_i' = N_i + f_i \qquad (0 < f_i < 1).$$

则式 (4.1) 可改写为

$$x_{B_i} + \sum_{j \in J} N_{ij} x_j + \sum_{j \in J} f_{ij} x_j = N_i + f_i$$

或

$$x_{B_i} + \sum_{j \in J} N_{ij} x_j - N_i = f_i - \sum_{j \in J} f_{ij} x_j.$$

由于 $x = (x_1, x_2, \cdots, x_n)^{\mathrm{T}}$ 为整数规划的一个可行解, 所以 x_{B_i}, $x_j (j \in J)$ 均须为整数, 而 $N_{ij} (j \in J)$ 与 N_i 是整数, 故上式左端一定为整数, 则右端也须为整数. 又易知右端 $\leqslant f_i < 1$, 故右端须满足

$$f_i - \sum_{j \in J} f_{ij} x_j \leqslant 0, \tag{4.2}$$

这就是一个割平面. 由于它来源于单纯形表的第 i 行, 故称为 **源于第 i 行的割平面**.

把式 (4.2) 添入原整数规划问题的线性松弛模型的约束中, 可以切割掉线性松弛模型的最优基可行解 $\hat{X}$, 却不会切割掉任意整数可行解. 下面证明这两条性质.

(1) 反证法. 假设 $\hat{X}$ 未被式 (4.2) 切割掉, 则它应满足式 (4.2), 即有

$$f_i - \sum_{j \in J} f_{ij} \hat{x}_j \leqslant 0.$$

因 $\hat{x}_j = 0$, $j \in J$, 故上式即

$$f_i \leqslant 0,$$

这与 $f_i > 0$ 矛盾, 故 $\hat{X}$ 不可能满足式 (4.2), 即它被式 (4.2) 切割掉了.

(2) 设 $\tilde{X} = (\tilde{x}_1, \tilde{x}_2, \cdots, \tilde{x}_n)^{\mathrm{T}}$ 为整数规划问题的任一整数可行解, 则它必然满足整数规划问题的约束方程组, 当然也满足等价方程组

$$x_{B_i} + \sum_{j \in J} a_{ij}' x_j = b_i' \qquad (i = 1, 2, \cdots, m).$$

由于式 (4.1) 是上述方程之一, 故 $\tilde{X}$ 满足式 (4.1). 而 $\tilde{x}_j (j = 1, 2, \cdots, n)$ 均为整数, 必然满足式 (4.2), 因为式 (4.2) 恰是假定所有变量均为整数而由式 (4.1) 导出的.

割平面法的计算步骤如下:

(1) 用单纯形法求解整数规划问题的线性松弛模型, 得最优基可行解 X_0; 令 $k = 0$.

(2) 若 X_k 的分量全为整数，则 X_k 即为原问题的最优解，停止计算；否则根据 X_k 的一个非整数分量所在最优单纯形表的那一行，譬如第 i 行，构造源于第 i 行的割平面 (4.2)，并给它引入一个松弛变量 x_{n+k+1}，得

$$-\sum_{j \in J} f_{ij} x_j + x_{n+k+1} = -f_i.$$

(3) 把这个新约束添加到最优单纯形表的倒数第二行，并增加一列 (即变量 x_{n+k+1} 对应的列)，用对偶单纯形法继续迭代，求得一个新的最优基可行解 X_{k+1}；令 $k := k + 1$，返 (2)．

下面举例加以说明．

例 4.7 试用割平面法求解下述整数规划模型

$$\begin{aligned} \max \quad & z = x_1 + x_2, \\ \text{s.t.} \quad & 2x_1 + x_2 \leqslant 5, \\ & 4x_1 - x_2 \geqslant 2, \\ & x_1, x_2 \geqslant 0, \\ & x_1, x_2 \text{均为整数}. \end{aligned}$$

解 先把该问题的线性松弛模型化为标准形

$$\begin{aligned} \min \quad & z = -x_1 - x_2, \\ \text{s.t.} \quad & 2x_1 + x_2 + x_3 = 5, \\ & 4x_1 - x_2 - x_4 = 2, \\ & x_1, x_2, x_3, x_4 \geqslant 0. \end{aligned}$$

将第二个约束条件两端同乘以 -1，用交替单纯形法 (即交替使用单纯形法和对偶单纯形法) 解之，具体过程见表 4.6，得 $X_0 = (7/6, 8/3)^{\mathrm{T}}$．由于 X_0 是非整数解，因此须构造割平面．根据表 4.6 中最优单纯形表，构造源于第 1 行的割平面

$$\frac{2}{3} - \left(\frac{2}{3} x_3 + \frac{1}{3} x_4 \right) \leqslant 0,$$

给它引入一个松弛变量 x_5，得

$$-\frac{2}{3} x_3 - \frac{1}{3} x_4 + x_5 = -\frac{2}{3}.$$

把该约束添加到表 4.6 的倒数第二行，得表 4.7，用对偶单纯形法求得一个新问题的最优解 $X_1 = \left(\frac{3}{2}, 2 \right)^{\mathrm{T}}$．

表 4.6

	x_1	x_2	x_3	x_4	
x_3	2	1	1	0	5
x_4	4	-1	0	-1	2
	-1	-1	0	0	
x_3	2	1	1	0	5
x_4	-4^*	1	0	1	-2
	-1	-1	0	0	
x_3	0	$3/2^*$	1	$1/2$	4
x_1	1	$-1/4$	0	$-1/4$	$1/2$
	0	$-5/4$	0	$-1/4$	
x_2	0	1	$2/3$	$1/3$	$8/3$
x_1	1	0	$1/6$	$-1/6$	$7/6$
	0	0	$5/6$	$1/6$	

因表 4.7 中 $x_1 = 3/2$ 仍不是整数, 故构造源于该行的割平面

$$\frac{1}{2} - \left(\frac{1}{2}x_3 + \frac{1}{2}x_5\right) \leqslant 0,$$

表 4.7

	x_1	x_2	x_3	x_4	x_5	
x_2	0	1	$2/3$	$1/3$	0	$8/3$
x_1	1	0	$1/6$	$-1/6$	0	$7/6$
x_5	0	0	$-2/3$	$-1/3^*$	1	$-2/3$
	0	0	$5/6$	$1/6$	0	
x_2	0	1	0	0	1	2
x_1	1	0	$1/2$	0	$-1/2$	$3/2$
x_4	0	0	2	1	-3	2
	0	0	$1/2$	0	$1/2$	

给它引入一个松弛变量 x_6, 得

$$-\frac{1}{2}x_3 - \frac{1}{2}x_5 + x_6 = -\frac{1}{2}.$$

把它添入表 4.7 的倒数第二行, 得表 4.8, 继续用对偶单纯形法求解, 得到表 4.8 中的第二部分.

表 4.8

	x_1	x_2	x_3	x_4	x_5	x_6	
x_2	0	1	0	0	1	0	2
x_1	1	0	1/2	0	$-1/2$	0	3/2
x_4	0	0	2	1	-3	0	2
x_6	0	0	$-1/2^*$	0	$-1/2$	1	$-1/2$
	0	0	1/2	0	1/2	0	
x_2	0	1	0	0	1	0	2
x_1	1	0	0	0	-1	1	1
x_4	0	0	0	1	-5	4	0
x_3	0	0	1	0	1	-2	1
	0	0	0	0	0	1	

表 4.8 已经给出原问题的一个最优解

$$X_1^* = (1,2)^{\mathrm{T}}, \qquad z^* = 3.$$

但因表 4.8 中有一个非基变量 x_5 的检验数为 0，故让 x_5 进基，再用单纯形法迭代一次，又得到另一个最优解

$$X_2^* = (2,1)^{\mathrm{T}}, \qquad z^* = 3.$$

尽管高莫瑞割平面法很巧妙，但是在实际求解整数规划时很少用到. 原因有两方面，一是由于高莫瑞割平面法的收敛速度往往很慢，需要对可行域进行多次切割，最坏时切割次数可能是变量个数的指数倍. 另一个原因是，除了少数小规模的整数规划问题以外，求解整数规划问题都离不开计算机，而高莫瑞割平面法在构造割平面时需要用到分数部分，计算机对分数往往采取近似的小数代替，在计算时还会有一些舍入误差，因此，根据高莫瑞割平面法编制软件往往很复杂. 所以，高莫瑞割平面法往往和其他方法结合使用，才有较好的效果.

§4.3 0-1 规划及隐枚举法

只取 0 或 1 值的变量称为 **0-1变量**. 在实际生活中许多情况下的状态仅有两种，比如"开、关"，"上、下"，"投资该项目与不投资该项目"等等，通常要用到这种形式的变量来表示. 变量设立得巧妙，将会对模型的建立带来很大的便利，这不仅要求模型的建立者注重建立模型的经验的积累，同时要求模型的建立者有广

泛的知识面和较强的综合能力. 因此, 变量的设立是建立数学模型的关键步骤, 也是最为困难的一个过程. 我们将含有 0-1 变量的线性规划称为 **0-1 规划**.

一、 0-1 规划模型

首先来看两个典型的 0-1 规划模型.

例 4.8　(装箱模型) 某运输公司打算用一个载重 30 吨的货物集装箱装运一批货物. 这些货物的有关数据由下表给出. 试问应装哪几件货物, 才能使获利最多?

货物编号	1	2	3	4	5
重量 / 吨	20	18	16	5	4
利润 / 百元	30	35	20	10	5

解　当集装箱不装第 i 件货物时, 令 $x_i = 0$, 否则令 $x_i = 1(i = 1, 2, 3, 4, 5)$. 于是, 该模型为

$$\begin{aligned} \max \quad & Z = 30x_1 + 35x_2 + 20x_3 + 10x_4 + 5x_5, \\ \text{s.t.} \quad & 20x_1 + 18x_2 + 16x_3 + 5x_4 + 4x_5 \leqslant 30, \\ & x_j = 0 \text{ 或 } 1 \quad (j = 1, 2, 3, 4, 5). \end{aligned}$$

例 4.9(投资模型)　某公司拟在市东、西、南三区建立门市部. 有 7 个位置 $A_i\,(i = 1, 2, \cdots, 7)$ 可供选择:

在东区, 由 A_1, A_2, A_3 三个点中至多选两个;

在西区, 由 A_4, A_5 两个点至少选一个;

在南区, 由 A_6, A_7 两个点至少选一个.

如选用 A_i 点, 设备投资估计为 b_i 元, 每年可获利润为 c_i 元, 但投资总额不能超过 B 元. 问应选择哪几个点可使年利润为最大?

解　当选 A_i 点时, 令 $x_i = 1$, 否则令 $x_i = 0(i = 1, 2, \cdots, 7)$. 则模型为

$$\begin{aligned} \max \quad & Z = \sum_{j=1}^{7} c_j x_j, \\ \text{s.t.} \quad & \sum_{j=1}^{7} b_j x_j \leqslant B, \\ & x_1 + x_2 + x_3 \leqslant 2, \\ & x_4 + x_5 \geqslant 1, \\ & x_6 + x_7 \geqslant 1, \\ & x_j = 0 \text{ 或 } 1 \quad (j = 1, 2, \cdots, 7). \end{aligned}$$

二、 0-1 规划模型的标准形式

0-1 规划是整数规划的特殊情况, 可用前面介绍的方法求解, 但由其变量取值的特性, 它另有一种特殊的分支定界法 —— **隐枚举法**, 该方法也是通过求解线性松弛模型来获得原整数规划模型的最优解, 不过这里恰好跟一般分支定界法相反, 是由放弃所有线性约束, 只保留变量 0-1 约束而得到的. 下面具体说明这种方法.

隐枚举法要求 0-1 规划为下述 **标准形式**

$$\min \quad Z = \sum_{j=1}^{n} c_j x_j,$$

$$\text{s.t.} \quad \sum_{j=1}^{n} a_{ij} x_j \leqslant b_i \qquad (i = 1, 2, \cdots, m),$$

$$x_j = 0 \text{ 或 } 1 \qquad (j = 1, 2, \cdots, n).$$

其中 $c_j \geqslant 0$, 约束条件必须为 " $\leqslant$ ".

当某一 $c_{j_0} < 0$ 时, 令 $x'_{j_0} = 1 - x_{j_0}$, 则

$$Z = \sum_{j=1}^{n} c_j x_j = \sum_{j \neq j_0} c_j x_j + c_{j_0} x_{j_0} = \sum_{j \neq j_0} c_j x_j + c_{j_0}(1 - x'_{j_0}).$$

再令 $c'_{j_0} = -c_{j_0}$, 原目标函数变为

$$\sum_{j \neq j_0} c_j x_j + c_{j_0} + c'_{j_0} x'_{j_0}.$$

从而使目标函数中各变量的系数变为非负数.

三、隐枚举法

隐枚举法的解法思路与分支定界法有相似之处. 利用变量只能取 0 或 1 进行分支. 首先令全部变量取 0 值 (当求最大值时, 令全部变量取 1 值), 检验解是否满足约束条件. 若均满足, 已得最优解; 若不全满足, 则令一个变量取值为 0 或 1(此变量称为 **固定变量**), 将模型分成两个子模型, 其余未被指定取值的变量称为 **自由变量**. 由于 $c_j \geqslant 0$, 因此自由变量为 0 与固定变量组成的子模型的解使目标值最小. 经过几次检验后, 或者停止分支, 或者将另一个自由变量转为固定变量, 令其值为 0 或 1, 继续分支. 如此继续进行, 直至没有自由变量或全部子模型停止分支为止, 就求出最优解.

具体算法过程:

第一步: 将模型化为标准形式.

第二步：令全部变量都是自由变量，且均取 0 值，检验解是否为可行解 (即满足所有约束条件). 若是可行解，则一定为最优解；若不可行，进行第三步.

第三步：将某一变量转为固定变量，令其取值为 1 或 0，使该模型 (子模型) 分成两个子模型. 其他变量均为自由变量，仍取 0 值.

第四步：检查已有的子模型，若子模型满足下列条件之一，该子模型停止向下分支，继续检查其他子模型，直到所有子模型均检查完毕，转第五步；若有某一个子模型不满足下列四个条件中的任意一个，则转第三步.

(1) 将自由变量均取 0 值与固定变量的值一起代入约束条件方程中，满足所有约束条件，则为可行解，该子模型停止向下分支.

(2) 若自由变量取任意值时，都不满足某一约束条件，则该子模型无可行解，也停止向下分支. 即将子模型固定变量的值代入约束条件方程中，令不等式左端的自由变量当系数为负时取值为 1，系数为正时取值为 0，得到左端所能取得的最小值，若此最小值大于右端值，说明此子模型无可行解.

(3) 将自由变量均取 0 值与固定变量的值一起代入目标函数，得到的目标值大于已求得的可行解的目标值，则该子模型一定无更好的可行解，也停止向下分支.

(4) 所有变量均为固定变量，则该子模型停止向下分支.

第五步：在所有可行解中目标值最小的解，即为最优解.

四、求解 0-1 规划的实例

下面以例 4.10 来说明 “隐枚举法” 的解题步骤.

例 4.10　求下列 0-1 规划最优解

$$\begin{aligned}
\min \quad & Z = 8x_1 + 2x_2 + 4x_3 + 7x_4 + 5x_5, \\
\text{s.t.} \quad & -3x_1 - 3x_2 + x_3 + 2x_4 + 3x_5 \leqslant -2, \\
& -5x_1 - 3x_2 - 2x_3 - x_4 + x_5 \leqslant -4, \\
& x_j = 0 \,\text{或}\, 1 \qquad (j = 1, 2, 3, 4, 5).
\end{aligned}$$

解　将原模型记为 P_0，自由变量全取 0 值，目标值 $z_0 = 0$，显然不是可行解.

不妨取 x_1 作为固定变量，在 P_0 中增加约束 $x_1 = 0$ 记为 P_1，增加 $x_1 = 1$ 记为 P_2. 模型 P_2 中 $x_1 = 1$，其他为自由变量，均取 0 值，此时 $X = (1, 0, 0, 0, 0)^{\mathrm{T}}$ 为可行解，停止分支. 目标值 $Z_2 = 8$，因此，原模型的最优值的上界为 8.

模型 P_1 不满足算法中停止的条件，需继续分支. 将 x_2 变为固定变量，于是模型 P_1 分为两个分支 P_3 和 P_4，继续考虑 P_3 和 P_4.

为了清晰地表达求解过程，我们类似分支定界法，作出树形图 (图 4.4)，图中黑体数字表示该变量为固定变量. 最优解为 $X^* = (0, 1, 1, 0, 0)^{\mathrm{T}}$，最优值 $Z^* = Z_6 = 6$.

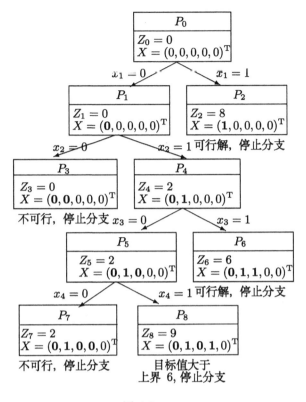

图 4.4

讨论、思考题

1. 在分支定界法中，能否给出一种新的分支原则？

2. 在例 4.6 中，子模型 P_4 不需再进行分支，为什么在子模型 P_4 中不可能找到比子模型 P_2 更好的、满足所有整数要求的最优解？

3. 在分支定界法中（模型为求最大值情形），为什么新的上界可由同一层次上各分支最优值的最大值确定？是否有其他方法给出新的上界？

4. 如何判断整数规划有多个最优解？

5. 用隐枚举法求解 0–1 规划时，若一子模型已经满足算法中第四步的第一种停止分支的条件，还继续进行分支，其两个分支的最优解有何特点？对求原问题的最优解有没有影响？

参考文献

1　郑乐宁. 运筹学与最优化理论卷, 现代应用数学手册. 清华大学出版社, 1998

2　运筹学教材编写组. 运筹学 (修订版). 清华大学出版社, 1990

3　胡运权. 运筹学教程. 清华大学出版社, 1998

习　题

1. 考虑在三台机器上制造 1500 件某种产品的生产计划问题. 每台机器的准备成本, 每件产品的生产成本和各台机器的最大生产能力如表 1. 应如何安排生产使总成本最小, 同时满足产量的需要.

表 1

机器	准备成本 / 元	单位生产成本 / 元	生产能力 / 件
1	100	10	600
2	300	2	800
3	200	5	1200

2. (背包问题)　一货船最大载重为 112 吨, 体积为 109 米 ^{3}. 有五种货物需要装运, 有关数据如表 2, 问如何装运使总利润最大. 试建立其模型.

表 2

货物编号	重量 / 吨	体积 / 米 ^{3}	单位利润 / 千元
1	5	1	4
2	8	8	7
3	3	6	6
4	2	5	5
5	7	4	4

3. 用穷举法求下列整数规划的最优解:

(1)

$$\begin{aligned}
\max \quad & Z = 3x_1 + 2x_2, \\
\text{s.t.} \quad & 2x_1 + 3x_2 \leqslant 14, \\
& 2x_1 + x_2 \leqslant 9, \\
& x_1, x_2 \geqslant 0, \\
& x_1, x_2 \text{均为整数}.
\end{aligned}$$

(2)

$$\begin{aligned}
\max \quad & Z = x_1 + x_2, \\
\text{s.t.} \quad & x_1 + \frac{9}{14}x_2 \leqslant \frac{51}{14}, \\
& -2x_1 + x_2 \leqslant \frac{1}{3}, \\
& x_1, x_2 \geqslant 0, \\
& x_1, x_2 \text{均为整数}.
\end{aligned}$$

4. 用割平面法求下列整数规划的最优解:

(1)

$$\max \quad Z = 3x_1 - x_2,$$
$$\text{s.t.} \quad 3x_1 - 2x_2 \leqslant 3,$$
$$5x_1 + 4x_2 \geqslant 10,$$
$$2x_1 + x_2 \leqslant 5,$$
$$x_1, x_2 \geqslant 0,$$
$$x_1, x_2 均为整数.$$

(2)

$$\min \quad Z = -3x_1 - 4x_2,$$
$$\text{s.t.} \quad 2x_1 + 5x_2 \leqslant 15,$$
$$2x_1 - 2x_2 \leqslant 5,$$
$$x_1, x_2 \geqslant 0 且为整数.$$

5. 用分支定界法求解下列整数规划:

(1)

$$\max \quad Z = 3x_1 + x_2 + 3x_3,$$
$$\text{s.t.} \quad -x_1 + 2x_2 + x_3 \leqslant 4,$$
$$4x_2 - 3x_3 \leqslant 2,$$
$$x_1 - 3x_2 + 2x_3 \leqslant 3,$$
$$x_1, x_2, x_3 为非负整数.$$

(2)

$$\max \quad Z = 3x_1 + 3x_2 + 13x_3,$$
$$\text{s.t.} \quad -3x_1 + 6x_2 + 7x_3 \leqslant 8,$$
$$5x_1 - 3x_2 + 7x_3 \leqslant 8,$$
$$x_1 \leqslant 5,$$
$$x_2 \leqslant 5,$$
$$x_3 \leqslant 5,$$
$$x_1, x_2, x_3 \geqslant 0,$$
$$x_2, x_3 为整数.$$

(3)

$$\min \quad Z = -2x_1 - 3x_2,$$
$$\text{s.t.} \quad 3x_1 + 10x_2 \leqslant 50,$$
$$7x_1 - 2x_2 \leqslant 28,$$
$$x_1, x_2 \geqslant 0,$$
$$x_1, x_2 \text{为整数}.$$

(4)

$$\max \quad Z = 4x_1 + x_2,$$
$$\text{s.t.} \quad 5x_1 + x_2 \leqslant 13,$$
$$2x_1 + x_2 \leqslant 6,$$
$$x_1 \geqslant 0,$$
$$x_2 \text{为非负偶整数}.$$

6. 用隐枚举法求下列 0-1 规划的最优解:

(1)

$$\min \quad Z = 2x_1 + 3x_2 + 4x_3 + 5x_4,$$
$$\text{s.t.} \quad 3x_1 - 6x_2 - 3x_3 + x_4 \leqslant 4,$$
$$x_1 + 3x_2 + 4x_3 - x_4 \leqslant 8,$$
$$x_1 + x_2 + x_4 \geqslant 1,$$
$$x_j = 0 \text{或} 1 \quad (j = 1, 2, 3, 4).$$

(2)

$$\min \quad Z = 2x_1 - 3x_2 + x_3 + 5x_4,$$
$$\text{s.t.} \quad 5x_1 - 3x_2 + x_3 - x_4 \geqslant 1,$$
$$-2x_1 + x_2 + 6x_3 - 4x_4 \geqslant 1,$$
$$x_1 + 3x_2 - 2x_3 - 2x_4 \geqslant 0,$$
$$x_j = 0 \text{或} 1 \quad (j = 1, 2, 3, 4).$$

(3)

$$\max \quad Z = 2x_1 + x_2 - x_3,$$

$$\text{s.t.} \quad x_1 + 3x_2 + x_3 \leqslant 2,$$

$$4x_2 + x_3 \leqslant 5,$$

$$x_1 + 2x_2 - x_3 \leqslant 2,$$

$$x_1 + 4x_2 - x_3 \leqslant 4,$$

$$x_j = 0 \text{或} 1 \quad (j = 1, 2, 3).$$

第 5 章　运筹学模型应用

为了让读者对运筹学有更广泛的认识与了解, 同时也是为了展现线性规划理论与模型极其重要和广泛的应用, 本章的第 1 、 2 、 4 节尽可能用简洁的文字和较小的篇幅, 向读者介绍运筹学中三个重要的分支: 排序模型、对策理论和统筹方法. 第 2 节介绍的选址问题, 尽管与线性规划理论联系不大, 但其具有极其广泛的应用, 同时其求解的数学方法很具特色, 对培养读者的数学能力, 应用数学思想并结合计算机解决实际问题很具启发作用. 这正是我们介绍该节的主要目的.

§5.1　排序模型

每当人们要完成若干不能同时进行的工作的时候, 就会产生这样的问题: 按怎样的顺序来做这些工作, 使得效率最高? 本节分四部分介绍排序模型.

一、一台机器上加工 n 种零件

在生产实践中, 往往要求零件在某地的滞留时间或零件的平均滞留时间最少. 当然以不同的次序加工零件, 结果将大不一样. 因此在生产之前, 应考虑加工次序. 下面给出两个显见的概念.

零件的滞留时间 = 等待加工时间 + 加工时间;

平均滞留时间 (M_t)= 各零件滞留时间的总和 / 零件个数.

我们用例 5.1 来分析出这类排序模型的排序原则.

例 5.1　车间有一台机床, 计划加工 6 个零件, 每个零件加工完毕后, 立刻送到下一道工序加工, 但尚未加工的零件必须等待正在加工的零件加工完毕后, 才能到机床上加工. 各零件有关数据由表 5.1 给出.

表 5.1

零件编号	1	2	3	4	5	6
加工时间 / 分	60	40	20	110	55	30

现要确定各零件加工顺序, 使各零件在该机床上的平均滞留时间最短.

解 我们首先研究一下按自然顺序加工, 平均滞留时间 M_t 有多大. 表 5.2 给出了详细计算过程. 总滞留时间为

$$60 + 100 + 120 + 230 + 285 + 315 = 1110,$$

平均滞留时间 $M_t = 1110/6 = 185(分)$.

表 5.2

零件编号	等待加工时间	加工时间	滞留时间
1	0	60	60
2	60	40	100
3	60+40	20	120
4	60+40+20	110	230
5	60+40+20+110	55	285
6	60+40+20+110+55	30	315

很容易看出, 若有 n 个零件, 各零件加工时间分别为 $J_1, J_2, \cdots, J_n$. 则

$$M_t = [J_1 + (J_1 + J_2) + \cdots + (J_1 + J_2 + \cdots + J_n)]/n$$
$$= [nJ_1 + (n-1)J_2 + \cdots + 2J_{n-1} + J_n]/n.$$

要使 M_t 尽可能地小, 则 $J_1 \leqslant J_2 \leqslant \cdots \leqslant J_{n-1} \leqslant J_n$. 即排序原则为: **将加工时间小的零件先加工.**

于是原问题最优加工顺序为: 3、6、2、5、1、4.

$$M_t = (1/6)[6 \times 20 + 5 \times 30 + 4 \times 40 + 3 \times 55 + 2 \times 60 + 1 \times 110]$$
$$= 825/6 = 137.5(分).$$

比按自然顺序加工时, 平均滞留时间 (185 分) 少 47.5 分.

例 5.2 设某机床必须完成 5 种零件的加工, 表 5.3 给出有关数据, 问应按何顺序加工, 使平均滞留时间 M_t 最小.

表 5.3

零件编号	1	2	3	4	5
所需件数 / 件	10	4	8	20	2
每件加工时间 / 分	18	4	14	10	20
准备时间 / 分	15	10	20	15	25

解 先计算各零件实际的总耗工时.

零件 i 的总耗工时 = 零件 i 件数 × 零件 i 每件加工时间 + 零件 i 的准备时间.

则各零件总耗工时分别为 195, 26, 132, 215, 65. 最优加工顺序为 2, 5, 3, 1, 4.

$$M_t = (1/5)[5 \times 26 + 4 \times 65 + 3 \times 132 + 2 \times 195 + 1 \times 215] = 278.2(\text{分}).$$

二、在二台机器上加工 n 个零件

一批零件必须依次在两台机器上加工, 这批零件在第一台机器上加工的次序必须与在第二台机器上加工的次序一样, 它们均应先在第一台机器上加工, 然后才能在第二台机器上加工.

例 5.3　设有 5 个零件, 按工艺要求必须先在车床上切削, 再在钻床上打孔, 它们的加工时间如表 5.4 所示, 应如何安排各零件加工顺序, 使完成全部加工任务的时间最短?

表 5.4

零件代号 \ 加工时间 \ 机床	车床 (M_1)	钻床 (M_2)
A	1.50	0.50
B	2.00	0.25
C	1.25	1.00
D	0.50	2.00
E	2.00	1.25

在解决该问题之前, 我们首先按零件代号 A, B, C, D, E 顺序加工, 这时各零件在各台机床上占用时间, 可用条形图 5.1 表示, 开始时间为上午 8:00.

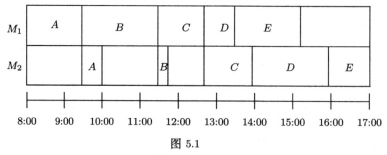

图 5.1

说明：　M_1 上午 8:00 开始加工 A, 加工时间为 1.50 小时, 即 9:30 结束, 此时 M_2 处于等待状态无零件可加工. 9:30 以后 M_2 上开始加工 A, 0.50 小时后

（即 10:00 ）结束. 同时 M_1 于 9:30 以后开始加工 B ， 2.00 小时后 (即 11:30) 后结束. 如此下去. 由图 5.1 可见五个零件于 17:00 全部加工完毕，共花 9 小时. 机床 M_1 等待时间为 15:15 至 17:00 共 1.75 小时，机床 M_2 等待时间为 8:00~9:30 ， 10:00~11:30 ， 11:45~12:45 ， 共 4 小时.

为了使所有零件在两台机床上尽早加工完成，也就是希望两台机床的等待时间尽可能小，从图 5.1 中可见，M_1 的等待时间一定比 E 在 M_2 上加工时间要长，于是自然希望将在 M_2 上加工时间最短的零件放到最后加工；同时，M_2 的等待时间一定比 A （第一个加工零件）在 M_1 上加工时间要长，同样希望将 M_1 上加工时间最短的零件放到最前加工. 这样就得到排序的两个原则：

在所有加工时间（包括在 M_1, M_2 上加工时间）中找最小值，若

(1) 最小者在 M_1 上，则将该零件尽可能安排在前面加工；

(2) 最小者在 M_2 上，则将该零件尽可能安排在后面加工.

这里，尽管我们是通过直观地、不是很严格地得到这两个排序原则，但是可以用动态规划的方法加以证明. 在此我们就直接地不加证明地应用这两个原则. 有兴趣的读者可以进一步阅读文献 [1] （本章列出的文献）中的第 9 章第 5 节. 下面来解例 5.3.

解

(1) 寻找最佳顺序

①首先画出加工顺序表，如表 5.5.

表 5.5　加工顺序表

顺序号	1	2	3	4	5
零件代号					

②在加工时间表 (表 5.4) 中找最小值为 0.25 ，在 M_2 列上，对应零件为 B. 于是将 B 放到最后加工. 得表 5.6.

表 5.6　加工顺序表

顺序号	1	2	3	4	5
零件代号					B

③在加工时间表 5.4 中划去第二行 (即零件 B). 再找最小值为 0.5. M_1 列上 0.50 对应零件 D ，应最先加工；M_2 列上 0.50 对应零件 A 尽可能放到最后加工，得表 5.7.

表 5.7 加工顺序表

顺序号	1	2	3	4	5
零件代号	D			A	B

④在表 5.4 中再划去零件 A、D 所在行，找最小值为 1.00，在 M_2 列上．对应零件 C，应尽可能放到最后加工（即第 3 的位置上）；最后一个零件 E 只能放到第 2 的位置上加工．于是得最佳顺序为 D, E, C, A, B.

(2) 画出该最佳顺序加工条形图（图 5.2）

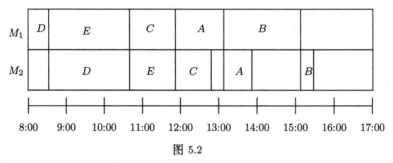

图 5.2

由图 5.2 可见 15:30（即花 7.50 小时）加工所有零件完毕．M_1 等待时间 0.25 小时，M_2 上等待时间为 2.50 小时．

(3) 当零件较多时画时间条形，较为麻烦，于是用各零件加工起讫时间表来表明各零件加工进度（表 5.8）（t_{ij} 表示零件 J_i 在 M_j 上的加工时间）．

表 5.8 加工起讫时间表

零件	M_1		M_2		M_2 等待时间
J_i	开始	结束	开始	结束	
	b_{i1}	e_{i1}	b_{i2}	e_{i2}	w_i

表 5.9 加工起讫时间表

零件	M_1		M_2		M_2 等待时间
	开始	结束	开始	结束	
D	0	0.50	0.50	2.50	0.50
E	0.50	2.50	2.50	3.75	0
C	2.50	3.75	3.75	4.75	0
A	3.75	5.25	5.25	5.75	0.50
B	5.25	7.25	7.25	7.50	1.50
合　计					2.50

在表 5.8 中，b_{i1}，e_{i1}，b_{i2}，e_{i2} 分别表示 J_i 在 M_1 上开始加工时刻，结束时刻，在 M_2 上开始加工时刻，结束时刻. w_i 表示 M_2 在加工 J_i 前的等待时间. 计算公式

M_1 开始时刻

$$b_{11} = 0, b_{i1} = e_{i-1,1}(i > 1);$$

M_1 结束时刻

$$e_{i1} = b_{i1} + t_{i1};$$

M_2 开始时刻

$$b_{12} = e_{11}, b_{i2} = \max\{e_{i1}, e_{i-1,2}\};$$

M_2 结束时刻

$$e_{i2} = b_{i2} + t_{i2};$$

M_2 等待时间

$$w_1 = e_{11}, w_i = b_{i2} - e_{i-1,2};$$

M_1 等待时间

$$w' = e_{n2} - e_{n1}$$

(最后一加工零件在 M_2 上结束时刻减去在 M_1 上结束时刻).

表 5.9 给出了该问题的加工起讫时间表.

M_1 上等待时间 $w' = 7.50 - 7.25 = 0.25$ (小时), M_2 上等待时间为 2.50 小时.

例 5.4 表 5.10 给出 6 个零件在两台机器上的加工时间，试确定最佳加工顺序.

表 5.10

零件代号	A	B	C	D	E	F
M_1	4	8	1	4	7	5
M_2	6	3	5	7	3	9

解 (1) 由于 $t_{C1} = 1$ 最小，C 零件最先加工；

(2) $t_{B2} = t_{E2} = 3$，零件 B 和 E 都应尽可能放到最后加工. 但由于 $t_{B1} = 8, t_{E1} = 7$，则 E 应放到 B 前面加工，于是零件 B 为第 6 个加工，零件 E 为第 5 个加工；

(3) $t_{A1} = 4 = t_{D1}$，零件 A 和 D 都应尽可能最先加工，由于 $t_{A2} = 6$，$t_{D2} = 7$，则零件 D 应在 A 前面加工，于是零件 D 为第 2 个加工，零件 A 为第 3 个加工. 最后剩下零件 F 为第 4 个加工.

所以最佳加工顺序为：　C, D, A, F, E, B.

例 5.5　表 5.11 给出五个零件在两台机器上的加工时间, 试确定最佳加工顺序.

表 5.11

零件代号	A	B	C	D	E
M_1	12	4	10	21	30
M_2	5	17	10	20	40

解　(1) 由于 $t_{B1} = 4$ 最小, 所以零件 B 为第 1 个加工;

(2) 由于 $t_{A2} = 5$, 所以零件 A 为第 5 个加工;

(3) $t_{C1} = t_{C2} = 10$, 则零件 C 可以尽可能早加工, 也可以尽可能迟加工, 即它可以第 2 个加工, 也可以第 4 个加工;

(4) 剩下的零件 D, E 加工顺序为 E 先于 D.

于是得到两种最佳加工顺序：　$BCEDA$ 或 $BEDCA$. 实际上按这两种顺序加工, 各机器的等待时间完全一样, 加工完毕所有零件的时间也一样. 读者可以分别按这两种顺序画出条形图或加工起讫时间表, 即可得相同的结论.

三、在 m 台机器上加工 n 个零件的模型

我们考虑一般情况下的模型如何建立. 设 t_{ij} 为第 i 个零件在第 j 台机器上加工时间, 再设 x_{ij} 表示第 i 个零件在第 j 台机器上加工开始时刻. 第一台机器开始加工第一个零件时刻为 0, 于是 $x_{ij} \geqslant 0$. 如前面情况一样, 每个零件必须先在第一台机器上加工完毕, 才能到第二机器上加工, 再到第三台机器上加工, 直到在 m 台机器上加工完毕, 才能将该零件加工完毕, 并要求所有零件在每台机器上加工顺序一致.

(1) 第 i 个零件必须在第 $j-1$ 台机器上加工结束后, 才能到第 j 台机器上加工

$$x_{i,j-1} + t_{i,j-1} \leqslant x_{ij} \qquad (i = 1, 2, \cdots, n; j = 2, 3, \cdots, m);$$

(2) 任意两个不同的零件 i, I 在第 j 台机器上加工, 必须有一个先后, 或 i 先于 I, 或 I 先于 i. 于是

$$x_{ij} + t_{ij} \leqslant x_{Ij} \qquad (i\text{先于}I)$$

或

$$x_{Ij} + t_{Ij} \leqslant x_{ij} \qquad (I\text{先于}i)$$

(3) 目标函数是所有零件必须尽早在所有机器上加工完毕, 即在第 m 台机器上尽早加工完所有零件. 各零件在第 m 台机器上加工完时刻分别为

$$x_{1m} + t_{1m}, x_{2m} + t_{2m}, x_{3m} + t_{3m}, \cdots, x_{nm} + t_{nm}.$$

最后一个加工零件的完工时刻应为

$$z = \max\{x_{1m} + t_{1m}, x_{2m} + t_{2m}, \cdots, x_{nm} + t_{nm}\}.$$

要使 z 尽可能小, 即为目标 $\min z$.

于是该问题模型为

$$\min \quad \max\{x_{1m} + t_{1m}, x_{2m} + t_{2m}, \cdots, x_{nm} + t_{nm}\},$$

$$\text{s.t.} \quad x_{i,j-1} + t_{i,j-1} \leqslant x_{ij} \quad (i = 1, 2, \cdots, n, j = 2, 3, \cdots, m),$$

$$x_{ij} + t_{ij} \leqslant x_{Ij} \ \text{或} \ x_{Ij} + t_{Ij} \leqslant x_{ij} \quad (i, I = 1, 2, \cdots, n, j = 1, 2, \cdots, m),$$

$$x_{ij} \geqslant 0 \quad (i = 1, 2, \cdots, n, j = 1, 2, \cdots, m).$$

令 $z = \max\{x_{1m} + t_{1m}, x_{2m} + t_{2m}, \cdots, x_{nm} + t_{nm}\}$, 于是模型转化为

$$\min \quad z$$

$$\text{s.t.} \quad t_{i,m} + x_{im} \leqslant z \quad (i = 1, 2, \cdots, n),$$

$$x_{i,j-1} + t_{i,j-1} \leqslant x_{ij} \quad (i = 1, 2, \cdots, n, j = 2, 3, \cdots, m),$$

$$x_{ij} + t_{ij} \leqslant x_{Ij} \ \text{或} \ x_{Ij} + t_{Ij} \leqslant x_{ij} \quad (i, I = 1, 2, \cdots, n, j = 1, 2, \cdots, m),$$

$$x_{ij} \geqslant 0 \quad (i = 1, 2, \cdots, n, j = 1, 2, \cdots, m).$$

该模型的变量个数有 mn 个, 约束条件有 $n + (m-1)n + c_n^2 \times m = n(n+1)m/2$ 个, 求解将非常困难. 我们只能对一些特殊问题加以分析, 找到特殊的解决方法.

四、在三台机器上加工 n 种零件

在三台机器上加工一批零件, 到现在还没有完全解决. 当加工时间满足以下两条件之一, 可将该问题转化为二台机器上加工 n 种零件的问题.

(1) 在 M_1 上最小加工时间不小于在 M_2 上最大加工时间, 即

$$\min_i \{t_{i1}\} \geqslant \max_i \{t_{i2}\};$$

(2) 在 M_3 上最小加工时间不小于在 M_2 上最大加工时间, 即

$$\min_i \{t_{i3}\} \geqslant \max_i \{t_{i2}\}.$$

具体方法是: 将各零件在 M_1, M_2 上的加工时间相加, 即将 $t_{i1} + t_{i2}$ 看作第 i 个零件在第一台新机器 N_1 上的加工时间 t'_{i1}; 将各零件在 M_2, M_3 上的加工时间相加, 即将 $t_{i2} + t_{i3}$ 看作第 i 个零件在第二台新机器 N_2 上的加工时间 t'_{i2}. 这样就将原问

题化为二台机器（N_1 和 N_2）上加工 n 种零件的问题，用本节前面介绍的方法就可以解决了.

例 5.6　设有五个零件必须依次在 M_1, M_2, M_3 三台机器上加工，表 5.12 给出了各零件的加工时间，试确定各零件最佳加工顺序，并求出最早何时完工.

表 5.12

零件代号	A	B	C	D	E
M_1	4	2	8	10	5
M_2	5	2	3	3	4
M_3	5	6	10	9	7

解

(1) 由于 $\min\{t_{i3}\} = 5 \geqslant \max\{t_{i2}\}$ 满足条件 (2). 令 $t'_{i1} = t_{i1} + t_{i2}, t'_{i2} = t_{i2} + t_{i3}$ $(i = 1,2,3,4,5)$. 于是化为二台机器（N_1 和 N_2）上加工 5 种零件. 加工时间如表 5.13.

表 5.13

零件代号	A	B	C	D	E
N_1	9	4	11	13	9
N_2	10	8	13	12	11

(2) 按二台机床排序法得最佳排序为 $BEACD$.

(3) 计算各零件在 M_1, M_2, M_3 上加工起讫时间表（表 5.14）

表 5.14

零件编号	M_1 开始	M_1 结束	M_2 开始	M_2 结束	M_3 开始	M_3 结束	M_3 等待时间	M_2 等待时间
B	0	2	2	4	4	10	4	2
E	2	7	7	11	11	18	1	3
A	7	11	11	16	18	23	0	0
C	11	19	19	22	23	33	0	3
D	19	29	29	32	33	42	0	7
合　计							5	15

于是完成全部零件的加工时间为 42 小时,

$$M_1的等待时间 = 42 - 29 = 13小时,$$

$$M_2的等待时间 = 15 + (42 - 32) = 25小时,$$

$$M_3的等待时间 = 5小时.$$

§5.2 选址问题

本节我们考虑最优选址问题. 这类问题是指: 现有一些服务对象 (称为 "汇"),需要建立一些设施 (可以一个或多个, 称为 "源") 为这些服务对象提供服务, 使某一目标达到最优. 比如要建立一个消防站负责某一地区的消防工作, 使得该消防站尽快到达它所负责地区的任一地点, 该消防站应建立在何处?

选址问题在日常生活中有许许多多的应用. 本节分三部分来介绍不同类型的选址问题.

一、交通图上的选址问题

1. 两点间的选址问题

我们先看一个十分简单的例子.

例 5.7 设某物资有 A, B 两个产地, 相距 30 公里. A 地产量 200 吨, B 地产量 100 吨, 要求在连接 AB 的公路上 (包括 A, B 两地) 选择地点, 建造一个加工厂. 设该物资每吨公里运费为 k 元. 试问加工厂应建在何处, 使所花费的总运费最省.

解 以 A 点为数轴原点, AB 连线为数轴, 建立数轴 (图 5.3). A 点坐标为 0, B 点坐标为 30. 设加工厂建在 x 处. 则所花费的总运费为

$$S(x) = 200kx + 100k(30 - x)$$
$$= 3000k + 100kx.$$

这里 x 的取值范围为 $[0, 30]$, 显然当 $x = 0$ 时, $S(x)$ 取到最小值, 即 $S(0) = 3000k$ (元). 所以加工厂应建在 A 处时, 可使总运费最省.

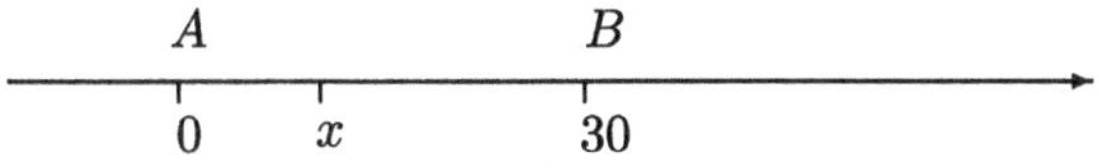

图 5.3

一般情况下, A 地产量为 a, B 地产量为 b, 两地相距 L 公里, 每吨公里运费 k 元. 若在 AB 之间某点 x 处建立加工厂, 则所需总运费为

$$S(x) = [ax + (L - x)b]k = Lbk + (a - b)kx,$$

其中 x 取值范围为 $[0, L]$.

当 $a > b$ 时, 取 $x = 0$ 时 $S(0) = bLk$ 为最小值;

当 $a < b$ 时, 取 $x = L$ 时 $S(0) = aLk$ 为最小值.

由此可见，两地之间的选址，应选在产量大的一地，建立加工厂. 即物资应从产量小的一地流向产量大的一地. 简称 **"小往大靠"**. 实际上与两点间距离、运费单价无关.

2.树型图上的选址问题

将两点间的选址问题推广到树型图上.

例 5.8   设某物资有 7 个产地，分布在一个树型交通图上（图 5.4 ）. 各地产量分别标在产地编号旁. 现要求在此交通图上选择一地建立加工厂，加工各地运来的物资. 问选在何处，可使总运费最省.

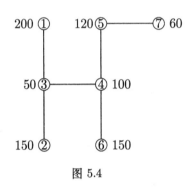

图 5.4

分析   将此问题简化为两点间选址问题.

基本想法是将树型图通过割断某一连线，分成两部分. 每一部分看作一点，将各部分的产量均集中到一起，于是就可以用 "小往大靠" 原则确定出地址应选在哪一部分.

(1) 将③与④之间连线割断，于是图分为两部分，前一部分总产量为 $200 + 50 + 150 = 400$，后一部分总产量为 $60 + 120 + 100 + 150 = 430$. 由 "小往大靠" 原则，地址应选择在后一部分（即选择范围为点④⑤⑥⑦）.

(2) 在前一步确定的候选范围内选一条边，比如将④与⑤之间连线割开，则图重新分为两部分，一部分只有⑤⑦两点，总产量为 $120 + 60 = 180$，另一部分由其余 5 个点组成，总产量为 $830 - 180 = 650$. 显然地址应选择后一部分. 结合上一步，地址可选择范围缩小为④与⑥两点.

(3) 将④与⑥两点连线割开，图又重新分为两部分. 一部分只有⑥一点，总产量为 150，另一部分由其余 6 点组成，总产量为 $830 - 150 = 680$，地址应选择在后一部分，即不能选择在⑥点. 于是地址应选择在④点.

具体解题过程，我们用表 5.15 表示.

解   所以地址应选择在点④.

表 5.15

过程	割开连线的端点		各部分总产量		地址选择范围
	端点 1	端点 2	含端点 1 部分	含端点 2 部分	
1	③	④	400	430	④⑤⑥⑦
2	④	⑤	650	180	④⑥
3	④	⑥	680	150	④

3. 中心选址问题

我们考虑更接近实际的中心选址问题及解法.

例 5.9 现准备在 $v_1, v_2, \cdots, v_7$ 七个居民点中设置一售票处, 各点之间距离如图 5.5 所示. 问售票处设在哪个点, 可使大家购票总距离最小?

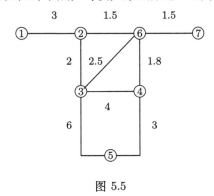

图 5.5

分析 对一个有对称中心的图形, 其中心自然就取其对称中心. 对一个不规则图形应怎样定义其中心呢? 在此, 我们用圆去覆盖该图形, 其中半径最小的圆的圆心定义为该图形的中心, 该圆的半径称为服务半径.

解 首先求出任意两点之间的最短路 (表 5.16). 然后计算 $l(v_i) = \max\{d(v_i, v_1), d(v_i, v_2), \cdots, d(v_i, v_7)\}$. 实际上 $l(v_i)$ 为以 v_i 为圆心, $l(v_i)$ 为半径覆盖所有顶点的圆的半径. 根据定义, 取 $\min\{l(v_i) | i = 1, 2, 3, 4, 5, 6, 7\} = l(v_6) = 4.8$ 为半径, v_6 为圆心的圆是覆盖所有顶点的最小的圆, 所以应选择顶点 v_6 为最优地址.

当然我们也常常用服务总距离最小作为选择地址的标准. 在该问题中, 选择 v_i 为地址的服务总距离为 $L(v_i) = d(v_i, v_1) + d(v_i, v_2) + \cdots + d(v_i, v_7)$. 于是 $\min\{L(v_1), L(v_2), \cdots, L(v_7)\} = L(v_6) = 16.6$, 应以 v_6 为最优选址, 到各点距离之和最小为 16.6.

很巧, 在这两种标准下选择的最优地址都是 v_6 点. 一般境况下, 不同的决策者、在不同的决策标准下, 所作出的最优决策方案可能不一样.

表 5.16

	v_1	v_2	v_3	v_4	v_5	v_6	v_7	$l(v_i)$	$L(v_i)$
v_1	0	3	5	6.3	9.3	4.5	6	9.3	34.1
v_2	3	0	2	3.3	6.3	1.5	3	6.3	19.1
v_3	5	2	0	4	6	2.5	4	6	23.5
v_4	6.3	3.3	4	0	3	1.8	3.3	6.3	21.7
v_5	9.3	6.3	6	3	0	4.8	6.3	9.3	35.7
v_6	4.5	1.5	2.5	1.8	4.8	0	1.5	4.8	16.6
v_7	6	3	4	3.3	6.3	1.5	0	6.3	24.1

二、平面单源选址问题

给出平面上 n 个点 $P_1, P_2, \cdots, P_n$，它们的坐标均为已知的，各点对物资的需求量 w_i，单位物资通过单位距离的运价 β_i 都给出. 现在平面上选取一点 P（可任意选取，不限制在某区域内取）作为物资供应站（称为源），为 n 个点供应物资，使总运费 C 达到最小.

设源 P 坐标为 (u, v)，给出各点 P_i 坐标为 (x_i, y_i)，则

$$C = \sum_{i=1}^n \beta_i w_i [(u - x_i)^2 + (v - y_i)^2]^{1/2}.$$

于是该问题的模型为

$$\min C(u, v) = \sum_{i=1}^n \beta_i w_i [(u - x_i)^2 + (v - y_i)^2]^{1/2},$$

即为求一个距离函数的极小值（最小值）问题. 由微积分理论得其必要条件为 $\dfrac{\partial c}{\partial u} = \dfrac{\partial c}{\partial v} = 0$, 即

$$\frac{\partial c}{\partial u} = \sum_{i=1}^n \frac{\beta_i w_i (u - x_i)}{[(u - x_i)^2 + (v - y_i)^2]^{1/2}} = 0,$$

$$\frac{\partial c}{\partial v} = \sum_{i=1}^n \frac{\beta_i w_i (v - y_i)}{[(u - x_i)^2 + (v - y_i)^2]^{1/2}} = 0.$$

令 $d_i = [(u - x_i)^2 + (v - y_i)^2]^{1/2}$，于是上述方程组可化为

$$u = \frac{\sum\limits_{i=1}^n \dfrac{\beta_i w_i x_i}{d_i}}{\sum\limits_{i=1}^n \dfrac{\beta_i w_i}{d_i}}, \qquad v = \frac{\sum\limits_{i=1}^n \dfrac{\beta_i w_i y_i}{d_i}}{\sum\limits_{i=1}^n \dfrac{\beta_i w_i}{d_i}}.$$

这里似乎解出了 u, v 的值, 但实际上 d_i 中仍含有未知数 u, v, 所以我们只能通过数值迭代的方法求得它们的近似解.

取初始值 (u^0, v^0) 为各汇的加权平均数, 即

$$u^0 = \frac{\sum\limits_{i=1}^{n} w_i \beta_i x_i}{\sum\limits_{i=1}^{n} \beta_i w_i}, \qquad v^0 = \frac{\sum\limits_{i=1}^{n} w_i \beta_i y_i}{\sum\limits_{i=1}^{n} \beta_i w_i}.$$

再计算 $d_i^k = [(u^k - x_i)^2 + (v^k - y_i)^2]^{1/2}$, 代入迭代公式

$$u^{k+1} = \frac{\sum\limits_{i=1}^{n} \dfrac{w_i \beta_i x_i}{d_i^k}}{\sum\limits_{i=1}^{n} \dfrac{\beta_i w_i}{d_i^k}}, \qquad v^{k+1} = \frac{\sum\limits_{i=1}^{n} \dfrac{w_i \beta_i y_i}{d_i^k}}{\sum\limits_{i=1}^{n} \dfrac{\beta_i w_i}{d_i^k}}.$$

得到源 P 的第 $k+1$ 个位置, 记为 P^{k+1}. 当 $\|P^k - P^{k+1}\|$ 小于所给精度时, 我们就将 P^{k+1} 作为所求的源址.

例 5.10 已知 $P_1(0,0), P_2(0,1), P_3(1,0), P_4(1,1), \beta_i = w_i = 1 (i = 1, 2, 3, 4)$, 求一个源址 $P(u,v)$, 使得 P 到给出的四个汇运费之和最小.

分析 实际上给出的四个汇为一正方形的四个顶点, 各点的权均相等. 所以源址 $P(u,v)$ 应为该正方形的中心 $(0.5, 0.5)$, 下面用迭代方法求解加以印证.

解

(1) 计算出初始位置 $P^0(u_0, v_0)$

$$u^0 = \frac{\sum\limits_{i=1}^{n} w_i \beta_i x_i}{\sum\limits_{i=1}^{n} \beta_i w_i} = \frac{1 \cdot 0 + 1 \cdot 0 + 1 \cdot 1 + 1 \cdot 1}{1 + 1 + 1 + 1} = 0.5,$$

$$v^0 = \frac{\sum\limits_{i=1}^{n} w_i \beta_i y_i}{\sum\limits_{i=1}^{n} \beta_i w_i} = \frac{1 \cdot 0 + 1 \cdot 1 + 1 \cdot 0 + 1 \cdot 1}{1 + 1 + 1 + 1} = 0.5.$$

所以 P^0 为 $(0.5, 0.5)$.

(2)

①求 $d_i^0(i = 1, 2, 3, 4)$

$$d_1^0 = [(0 - 0.5)^2 + (0 - 0.5)^2]^{\frac{1}{2}} = \sqrt{2}/2,$$
$$d_2^0 = [(0 - 0.5)^2 + (1 - 0.5)^2]^{\frac{1}{2}} = \sqrt{2}/2,$$
$$d_3^0 = [(1 - 0.5)^2 + (0 - 0.5)^2]^{\frac{1}{2}} = \sqrt{2}/2,$$
$$d_4^0 = [(1 - 0.5)^2 + (1 - 0.5)^2]^{\frac{1}{2}} = \sqrt{2}/2.$$

②求 $P^1(u_1, v_1)$

$$u^1 = \frac{\displaystyle\sum_{i=1}^{n} \frac{w_i \beta_i x_i}{d_i^0}}{\displaystyle\sum_{i=1}^{n} \frac{\beta_i w_i}{d_i^0}} = \frac{\dfrac{0}{d_1^0} + \dfrac{0}{d_2^0} + \dfrac{1}{d_3^0} + \dfrac{1}{d_4^0}}{\dfrac{1}{d_1^0} + \dfrac{1}{d_2^0} + \dfrac{1}{d_3^0} + \dfrac{1}{d_4^0}} = 0.5,$$

$$v^1 = \frac{\displaystyle\sum_{i=1}^{n} \frac{w_i \beta_i y_i}{d_i^0}}{\displaystyle\sum_{i=1}^{n} \frac{\beta_i w_i}{d_i^0}} = \frac{\dfrac{0}{d_1^0} + \dfrac{1}{d_2^0} + \dfrac{0}{d_3^0} + \dfrac{1}{d_4^0}}{\dfrac{1}{d_1^0} + \dfrac{1}{d_2^0} + \dfrac{1}{d_3^0} + \dfrac{1}{d_4^0}} = 0.5.$$

所以 $P^1(0.5, 0.5)$.

(3) P^0 到 P^1 的距离为 0，则取 $P = P^1$. 即源址为 $(0.5, 0.5)$. 与分析情况一致.

例 5.11　已知四个汇 $P_1(0, 0), P_2(0, 1), P_3(1, 0), P_4(1, 1), w_1 = 1, w_2 = 2, w_3 = 3, w_4 = 4, \beta_i = 1(i = 1, 2, 3, 4)$. 求平面单源选址问题的源址 $P(u, v)$.

解

(1) 计算出源址初始位置 $P^0(u^0, v^0)$

$$u^0 = \frac{\displaystyle\sum_{i=1}^{n} w_i \beta_i x_i}{\displaystyle\sum_{i=1}^{n} \beta_i w_i} = \frac{1 \cdot 1 \cdot 0 + 2 \cdot 1 \cdot 0 + 3 \cdot 1 \cdot 1 + 4 \cdot 1 \cdot 1}{1 \cdot 1 + 1 \cdot 2 + 1 \cdot 3 + 1 \cdot 4} = \frac{7}{10},$$

$$v^0 = \frac{\displaystyle\sum_{i=1}^{n} w_i \beta_i y_i}{\displaystyle\sum_{i=1}^{n} \beta_i w_i} = \frac{1 \cdot 1 \cdot 0 + 2 \cdot 1 \cdot 1 + 3 \cdot 1 \cdot 0 + 4 \cdot 1 \cdot 1}{1 \cdot 1 + 1 \cdot 2 + 1 \cdot 3 + 1 \cdot 4} = \frac{6}{10}.$$

所以 $P^0(0.7000, 0.6000)$.

(2)

① 求 $d_i^k(i=1,2,3,4), k=0$

$d_1^0 = [(u^0 - x_1)^2 + (v^0 - y_1)^2]^{\frac{1}{2}} = [(0.7-0)^2 + (0.6-0)^2]^{\frac{1}{2}} = 0.9219,$

$d_2^0 = [(0.7-0)^2 + (0.6-1)^2]^{\frac{1}{2}} = 0.8062,$

$d_3^0 = [(0.7-1)^2 + (0.6-0)^2]^{\frac{1}{2}} = 0.6708,$

$d_4^0 = [(0.7-1)^2 + (0.6-1)^2]^{\frac{1}{2}} = 0.5000.$

② 求 $P^1(u^1, v^1)$

$$u^1 = \frac{\dfrac{w_1\beta_1 x_1}{d_1^0} + \dfrac{w_2\beta_2 x_2}{d_2^0} + \dfrac{w_3\beta_3 x_3}{d_3^0} + \dfrac{w_4\beta_4 x_4}{d_4^0}}{\dfrac{w_1\beta_1}{d_1^0} + \dfrac{w_2\beta_2}{d_2^0} + \dfrac{w_3\beta_3}{d_3^0} + \dfrac{w_4\beta_4}{d_4^0}}$$

$$= \frac{0 + 0 + \dfrac{3 \cdot 1 \cdot 1}{0.6708} + \dfrac{4 \cdot 1 \cdot 1}{0.5000}}{\dfrac{1}{0.9219} + \dfrac{2}{0.8062} + \dfrac{3}{0.6708} + \dfrac{4}{0.5000}} = 0.7777,$$

$$v^1 = \frac{0 + \dfrac{2}{0.6708} + \dfrac{0}{0.5000} + \dfrac{4}{0.5000}}{\dfrac{1}{0.9219} + \dfrac{2}{0.8062} + \dfrac{3}{0.6708} + \dfrac{4}{0.5000}} = 0.6538.$$

所以 $P^1(0.7777, 0.6538)$.

(3) 精度要求 $\varepsilon = 0.01$，计算 $P^1 P^0$ 之间距离 d

$$d = [(0.7777 - 0.7000)^2 + (0.6538 - 0.6000)^2]^{\frac{1}{2}} = 0.0945 > \varepsilon,$$

仍需迭代，重复过程 (2),(3).

有时为计算方便也用 $d = |u^1 - u^0| + |v^1 - v^0|$ 来替代距离公式.

表 5.17 给出该例迭代结果.

最后 $d(P^{10}, P^9) = |0.867 - 0.864| + |0.805 - 0.800| = 0.008 < 0.01$，取 $P = P^{10}$，即源址为 $P(0.867, 0.805)$.

由例 5.10 和例 5.11 可见，尽管 4 个汇址完全一样，但各汇的需求量不一样，对源址选择也有很大影响.

表 5.17

k	0	1	2	3	4	5	6	7	8	9	10
u^k	0.700	0.778	0.808	0.824	0.835	0.843	0.850	0.856	0.860	0.864	0.867
v^k	0.600	0.654	0.694	0.724	0.746	0.763	0.776	0.786	0.793	0.800	0.805

三、平面多源选址问题

这里考虑的问题要比前面的单源选址问题复杂得多. 该问题已给出各终点（各汇）的位置，各汇的需求量 w_i，单位运价 β_i，求建造源址的个数 m，各源的位置 (u_j, v_j)，将哪些汇分配给哪个源，各个源的供应总量等等. 目标是使得提供服务费用总和最小（有时还包括建造源的费用在内）.

首先我们考虑多源选址问题的模型.

1. 平面多源选址问题模型

设 n 个汇的位置分别为 $P_1(x_1, y_1), P_2(x_2, y_2), \cdots, P_n(x_n, y_n)$，各汇的需求量为 w_i，单位运价为 β_i，建造各源的费用均为 z_0. 这些数为事先已知. 再设需建造 m 个源，各源为 $Q_j(u_j, v_j)$，决策变量

$$\sigma_{ij} = \begin{cases} 1, & \text{第}i\text{个汇}P_i\text{分配给第}j\text{个源}Q_j \\ 0, & \text{第}i\text{个汇}P_i\text{不分配给第}j\text{个源}Q_j \end{cases}$$

其中 $i = 1, 2, \cdots, n, j = 1, 2, \cdots, m$. 一般我们还假设各源的供应量不受限制，每个汇只能由一个源供货.

于是得模型为

$$\min \quad c = \sum_{j=1}^{m} \sum_{i=1}^{n} w_i \beta_i \sigma_{ij} [(u_j - x_i)^2 + (v_j - y_i)^2]^{\frac{1}{2}} + mz^0,$$

$$\text{s.t.} \quad \sum_{j=1}^{m} \sigma_{ij} = 1,$$

$$\sigma_{ij} = \begin{cases} 0, \\ 1, \end{cases} \quad i = 1, 2, \cdots, n, j = 1, 2, \cdots, m.$$

模型中变量有 m, σ_{ij}, u_j, v_j，共有变量个数为 $1 + mn + 2m$ 个. 模型相当复杂. 为了讨论其解法，一般将源的个数 m 固定加以讨论，我们称 m 已固定的情况为固定源选址问题，否则称不固定源选址.

2. 固定源选址问题的解法

这类问题有两种解法：交替选址——分配法和随机点法. 我们仅介绍前一种方法，其基本思想为：

(1) 将 n 个汇分成个数大致相等的 m 部分；

(2) 对 m 个部分，解一个单源选址问题；

(3) 求出每一个汇到前一步求出的 m 个源的运费（或距离），将每一个汇分配给运费最小的那个源，这样就得一个新的分组（即 n 个汇重新分成 m 部分）；

(4) 检查新的分组是否与前一分组完全一致, 若不一致, 则对新分组回到第 (2) 步骤; 若一致, 则已得到最优方案, 停止计算 (此时已求得 n 个汇分别分配给哪个源及各源的位置).

下面举例来说明该方法.

例 5.12 表 5.18 给出了 10 个汇的位置及需求量、运价. 试讨论固定源选址问题 (精度 $E = 0.05$).

表 5.18

编号	终点位置 $P(x_i, y_i)$	需求量 w_i	运价 β_i
1	(10,40)	0.025	10
2	(50,100)	0.03	20
3	(20,80)	0.03	25
4	(60,20)	0.04	15
5	(90,70)	0.04	3
6	(50,10)	0.02	25
7	(60,40)	0.02	20
8	(70,70)	0.025	20
9	(30,10)	0.035	10
10	(40,90)	0.03	20

解

(1) $m = 2$ 时

① 将 $n = 10$ 个汇等分为 $m = 2$ 部分, 对每部分求单源选址问题, 得表 5.19.

表 5.19

组号	终点 P_i	源址 Q_j
1	$P_1(10, 40)$	$Q_1^1 = (62.12569, 70.0905)$
	$P_2(50, 100)$	
	$P_3(20, 80)$	
	$P_4(60, 20)$	
	$P_5(90, 70)$	
2	$P_6(50, 10)$	$Q_2^1 = (56.74767, 42.73101)$
	$P_7(60, 40)$	
	$P_8(70, 70)$	
	$P_9(30, 10)$	
	$P_{10}(40, 90)$	

②求出每个汇 P_i 到源 Q_1^1, Q_2^1 的运费，其计算公式为

$$c_{ij} = w_i \beta_i [(u_j^1 - x_i)^2 + (v_j^1 - y_i)^2]^{\frac{1}{2}}$$

其中 $i = 1, 2, \cdots, 10, j = 1, 2$. 将费用列入表 5.20.

表 5.20

终点	c_{i1}	c_{i2}
P_1	15.04685	11.70684
P_2	19.36439	34.59909
P_3	32.45665	39.25424
P_4	30.08135	13.7775
P_5	33.44936	51.60441
P_6	30.65086	16.70965
P_7	12.0662	1.698755
P_8	3.937419	15.15934
P_9	23.84866	14.79451
P_{10}	17.85879	30.08892

③在新的分组下重新求两个单源选址问题，结果如表 5.21.

根据表 5.20 进行重新分组. 因为 $c_{11} = 15.04685 > c_{12} = 11.70684$，所以，将 P_1 分配给第二组，同理将 P_2 分配给第一组，P_3 分给第一组，$\cdots$，得新的分组. 显然与原先分组不一致（表 5.21）.

表 5.21

组号	1	2
终点	P_2　P_3　P_5　P_8　P_{10}	P_1　P_4　P_6　P_7　P_9
源址	$Q_1^2 = (56.23649, 82.60531)$	$Q_2^2 = (52.96522, 18.70573)$

④求出每一个汇 P_i 到源 Q_1^2, Q_2^2 的运费，如表 5.22 所示.

根据表 5.22 进行重新分组，分组结果与前一次分组完全一致. 于是得最优解. 第一个源 $Q_1 = Q_1^2 = (56.23649, 82.60531)$，供货给 $P_2, P_3, P_5, P_8, P_{10}$，第二个源 $Q_2(52.96522, 18.70573)$，供货给 P_1, P_4, P_6, P_7, P_9. 总运费 $z = c_{21} + c_{31} + c_{51} + c_{81} + c_{10,1} + c_{12} + c_{42} + c_{62} + c_{72} + c_{92} = 140.0638$.

表 5.22

终点	c_{i1}	c_{i2}
P_1	15.71827	11.98816
P_2	11.08733	48.809
P_3	27.24752	52.19748
P_4	37.631	4.291713
P_5	43.24779	75.92006
P_6	36.43633	4.59843
P_7	17.10848	8.970477
P_8	9.331775	27.02446
P_9	27.0201	8.59598
P_{10}	10.70466	43.47814

(2) $m = 3$ 时

①将 $n = 10$ 个汇分为 $m = 3$ 部分, 对每部分求单源选址问题, 得表 5.23.

表 5.23

组号	1	2	3
终点	P_1 P_2 P_3	P_4 P_5 P_6	P_7 P_8 P_9 P_{10}
源址	(20.03839,	(89.80009,	(57.45911,
Q_i^1	80.00796)	69.68256)	64.09087

②求出每一个汇 P_i 到源 Q_1^1, Q_2^1, Q_3^1 的运费, 如表 5.24 所示.

表 5.24

终点	c_{i1}	c_{i2}	c_{i3}
P_1	10.31203	21.28542	13.30587
P_2	21.6115	30.01916	22.0054
P_3	0.029407	52.91888	30.52312
P_4	43.25782	34.76068	26.49841
P_5	84.80856	0.4501695	39.68768
P_6	38.07497	35.86801	27.30138
P_7	22.61881	16.82427	9.68976
P_8	25.47706	9.901316	6.931663
P_9	24.7496	29.57046	21.23155
P_{10}	13.39367	32.27112	18.74559

根据表 5.24 进行重新分组: 在 c_{11}, c_{12}, c_{13} 中 $c_{11} = 10.31203$ 最小, 于是将终点 P_1 分在第一组. c_{21}, c_{22}, c_{23} 中 c_{21} 最小, P_2 分在第一组, 依次检查得新分组, 如表 5.25.

表 5.25

组号	1	2	3
终点	P_1 P_2 P_3 P_{10}	P_5	P_4 P_6 P_7 P_8 P_9
源址	(39.93275, 89.97702)	(90, 70)	(58.35591, 21.2349)

③显然新分组与前者不同, 重新计算各单源选址, 得 Q_1^2, Q_2^2, Q_3^2 (表 5.25 第三行).

④计算 P_i 到 Q_1^2, Q_2^2, Q_3^2 运费, 列入表 5.26.

表 5.26

终点	c_{i1}	c_{i2}	c_{i3}
P_1	14.56381	21.36001	12.96732
P_2	8.523581	30	47.52425
P_3	16.71769	53.03301	52.63116
P_4	43.67852	34.98571	1.233727
P_5	64.6867	0	69.75896
P_6	40.30408	36.05551	7.00079
P_7	21.54214	16.97056	7.534795
P_8	18.04939	10	25.06801
P_9	28.20702	29.69849	10.67518
P_{10}	0.042641	32.31099	42.70373

根据表 5.26 重新分组.

⑤重新分组与前者不一致, 重新计算 3 个单源选址问题得 Q_1^3, Q_2^3, Q_3^3. 如表 5.27 所示.

表 5.27

组号	1	2	3
终点	P_2 P_3 P_{10}	P_5 P_8	P_1 P_4 P_6 P_7 P_9
源址	(39.98135, 90.00659)	(89.98185, 70)	(52.96522, 18.70573)

⑥求出每一个汇 P_i 到源 Q_1^3, Q_2^3, Q_3^3 的运费, 如表 5.28 所示.

根据表 5.28 进行重新分组与前者一致, 于是得最优解. 第一个源址 $Q_1(39.98, 90.01)$, 供货给 P_2, P_3, P_{10}; 第二个源址 $Q_2(89.98, 70)$, 供货给 P_5, P_8; 第三个源址 $Q_3(52.97, 18.71)$, 供货给 P_1, P_4, P_6, P_7, P_9. 总运费 $z = c_{21} + c_{31} + c_{10,1} + c_{52} + c_{82} + c_{13} + c_{43} + c_{63} + c_{73} + c_{93} = 73.71995$.

表 5.28

终点	c_{i1}	c_{i2}	c_{i3}
P_1	14.5764	21.35576	11.98816
P_2	8.490405	29.99129	48.809
P_3	16.76021	53.01953	52.19748
P_4	43.68754	34.98011	4.291713
P_5	64.6457	0.0217804	75.92006
P_6	40.31572	36.05048	4.59843
P_7	21.54588	16.96543	8.970477
P_8	18.03735	9.990925	27.02446
P_9	28.21938	29.69399	8.59598
P_{10}	0.01187	32.30088	43.47814

3. 不固定源选址问题

不固定源选址问题一般给出建源费用 z^0 值. 解决这类问题时, 我们可以取 $m = 1, 2, \cdots, n$, 进而将问题转化为求 n 个固定源选址问题, 然后求 $z^1 + z^0, z^2 + 2z^0, \cdots, z^n + nz^0$ (一般 $z^n = 0$) 的最小值, 设为 $z^k + kz^0$ (z^i 表示建 i 个源时的总运费), 则表示建造 $m = k$ 个源时总费用 (运费与建源费用之和) 最小.

例 5.13 有关数据与例 5.12 相同, $z^0 = 120$ (建一个源的费用), 试问建几个源可使总费用最小.

解

$$m = 1 \quad 时 \quad z^1 = 215.7882;$$
$$m = 2 \quad 时 \quad z^2 = 140.0638;$$
$$m = 3 \quad 时 \quad z^3 = 73.71995.$$

一般总有

$$z^1 > z^2 > \cdots > z^{n-1} > z^n = 0.$$

计算

$$I = \min\{z^1 + z^0, z^2 + 2z^0, z^3 + 3z^0, \cdots, z^n + nz^0\}$$
$$= \min\{335.7882, 380.0638, 433.71995, \cdots\}.$$

由于 $4z^0 = 480 > z^1 + z^0$ 所以, $4z^0 + z^4, \cdots, 4z^0 + z^0 > z^1 + z^0$.

$$I = \min\{335.7882, 380.0638, 433.71995\} = 335.7882,$$

即建造 $m = 1$ 个源时总费用最小为 335.7882. 源址为 (58.64739, 62.94465).

若 $z^0 = 70$

$$I = \min\{285.7882, 280.0638, 283.71995, \cdots\}$$
$$= 280.0638,$$

即建造 $m = 2$ 个源时总费用最小. 两个源址的分配情况与例 5.12 (1) 相同.

若 $z^0 = 50$

$$I = \min\{265.7882, 240.0638, 223.71995\} = 223.71995,$$

此时, 建造 $m = 3$ 个源时总费用最小. 源址及分配情况与例 5.12 (2) 相同.

§5.3　对策论

对策论亦称竞赛论或博弈论, 是研究具有斗争或竞赛性质现象的数学理论和方法, 它既是现代数学的一个新分支, 也是运筹学的一个重要学科. 对策论发展的历史并不长, 一般认为, 1944 年冯·诺依曼 (J. von Neumann) 和摩根斯特恩 (O. Morgenstern) 合著的奠基性经典著作《对策论与经济行为》(The Theory of Games and Economic Behaviour) 的问世, 标志着对策论科学体系的创立. 由于它所研究的现象与人们的政治、经济、军事活动乃至一般日常生活等有着密切联系, 并且处理问题的方法又有明显特色, 所以日益引起广泛的注意. 尤其纳什 (John Nash) 等人因为在对策平衡模型方面的贡献获得 1994 年的诺贝尔经济学奖. 2002 年, 好莱坞将纳什的传奇人生搬上荧幕, 拍成电影《美丽心灵》(A Beautiful Mind), 该影片获得第 74 届奥斯卡 (2002 年) 的最佳影片、最佳导演等四项大奖. 对策理论的研究与发展, 不仅被数学家与经济学家深为关注, 而且由此也得到广大民众的广泛关注.

其实, 在日常生活中, 经常可以看到一些具有斗争或竞争性质的现象, 如下棋、打牌、体育比赛等. 中国古代, "田忌赛马" 就是一个典型的对策论研究的例子. 战国时期, 齐王有一天提出要与田忌进行赛马. 双方约定: 从各自的上、中、下三个等级的马中各选一匹参赛; 每匹马只能参赛一次; 每一次比赛双方各出一匹马, 负者要付给胜者千金. 已经知道, 在同等级的马中, 田忌的马不如齐王的马, 而如果田忌的马比齐王的马高一等级, 则田忌的马可获胜. 田忌手下的一个谋士给他出了一个主意: 每次比赛时先让齐王牵出他要参赛的马, 然后用下马对齐王的上马, 中马对齐王的下马, 上马对齐王的中马. 比赛结果: 田忌二胜一负, 可得千金. 由此看来, 两人各采取什么样的出马次序对胜负是至关重要的.

半个多世纪以来, 对策理论已经得到突飞猛进的发展. 在本教材中, 我们仅以一节的篇幅将对策论的最基本的理论向读者作简要的介绍, 目的有两个: 一是让读者对对策论有初步的了解; 另外通过建立对策论的线性规划模型, 将线性规划理论与模型应用到某些对策论问题的解决中. 有兴趣的读者可以通过阅读本章列出的文献 [1] 和 [2] , 进一步专门而深入地学习对策理论及其应用.

一、对策理论的基本概念与对策模型的分类

我们先观察两个具体的对策问题, 然后给出一些最基本的概念.

例 5.14 (订货计划) 某厂制造和销售一种新仪器, 需要外购一种配件. 现有三个厂家生产这种配件, 牌号为 A, B, C. A 牌配件每只 10 元, 但有次品, 用次品装配的仪器也是次品, 每台将损失 100 元; B 牌配件每只 55 元, 也有次品, 但用这种次品装配的仪器出售后在保修期内稍加修理就可使用, 修理费是 55 元; C 牌配件没有次品, 每只 118 元. 问该厂应如何购置各种配件, 使总费用 (包括次品引起的损失费或修理费) 最少?

例 5.15 (囚犯难题) 设有两个嫌疑犯因涉嫌某一大案被警官拘留, 警官分别对两人进行审讯. 根据法律, 如果两个人都承认此案是他们干的, 则每人各判刑 7 年; 如果两人都不承认, 则由于证据不足, 两人各判刑 1 年; 如果只有一人承认, 则承认者予以宽大处理, 而不承认者将判刑 9 年. 因此, 对两个囚犯来说, 面临着一个在 "承认" 和 "不承认" 这两个策略间进行选择的难题.

为了准确地描述对策问题, 需要建立对策问题的数学模型, 即对策模型. 对策模型必须包括以下三个基本要素:

1. 局中人

在一个对策中, 有权决定自己行动方案的对策参加者称为局中人, 通常用 I 表示局中人的集合. 如果有 n 个局中人, 则 $I = \{1, 2, \cdots, n\}$. 一般要求一个对策中至少有两个局中人, 如在 "田忌赛马" 中, 局中人是齐王和田忌.

局中人除了可以理解为个人外, 还可理解为一个集体, 如球队、交战方、企业或某一虚拟的对象等. 另外, 在对策中利益完全一致的参加者只能看成是一个局中人. 例如, 桥牌中的东方、西方和南方、北方各为一个局中人, 虽有四人参赛, 但只能算有两个局中人.

2. 策略集

一个对策中, 可供局中人选择的一个实际可行的完整的行动方案称为一个策略. 参加对策的每一个局中人 $i(i \in I)$ 的策略集记为 S_i, 一般, 每一局中人的策略集中至少应包括两个策略.

在 "田忌赛马" 中, 如果用 (上, 中, 下) 表示以上马、中马、下马依次参赛, 就是一个完整的参赛方案, 即为一个策略. 可见, 齐王和田忌各自都有六个策略:

(上, 中, 下)、(上, 下, 中)、(中, 上, 下)、(中, 下, 上)、(下, 中, 上)、
(下, 上, 中).

3. 赢得函数 (支付函数)

一个对策中, 每一局中人所出策略组称为一个局势, 即设 s_i 是第 i 个局中人的一个策略, 则 n 个局中人的策略形成的策略组

$$s = (s_1, s_2, \cdots, s_n)$$

就是一个局势. 若设 S 为全部局势的集合, 则

$$S = S_1 \times S_2 \times \cdots \times S_n.$$

当一个局势 s 出现后, 应该为每一局中人 i 规定一个赢得值 (或所失值) $H_i(s)$. 显然, $H_i(s)$ 是定义在 S 上的函数, 称为局中人 i 的赢得函数.

对策论中将对策问题根据不同方式进行了分类. 通常的分类方式有:

(1) 根据局中人的个数, 分为二人对策和多人对策;

(2) 根据各局中人的赢得函数的代数和是否为零, 分为零和对策和非零和对策;

(3) 根据各局中人间是否允许合作, 分为合作对策和非合作对策;

(4) 根据局中人的策略集中的策略个数, 分为有限对策和无限 (或连续) 对策等等.

此外, 还有许多其他的分类方式, 例如根据策略的选择是否与时间有关, 可分为静态对策和动态对策; 根据对策模型的数学特征, 可分为矩阵对策、连续对策、微分对策、阵地对策、凸对策、随机对策等.

二人有限零和对策, 又称为矩阵对策. 由于矩阵对策的特殊性以及它与线性规划的紧密关系, 本节将着重介绍矩阵对策的基本内容.

二、矩阵对策的特点及相关定义

矩阵对策具有以下两个特点:

(1) 两个局中人分别用 I 、II 表示, 双方都只有有限个策略可供选择. 设局中人 I 有 m 个策略, 局中人 II 有 n 个策略, 策略集分别为

$$S_1 = \{\alpha_1, \alpha_2, \cdots, \alpha_m\}, \qquad S_2 = \{\beta_1, \beta_2, \cdots, \beta_n\}.$$

(2) 在每次对策中, 局中人 I 的 "得" 就是局中人 II 的 "失", 得失之和为零. 当局中人 I 采用策略 α_i, 而局中人 II 采用策略 β_j 时, 就形成一个局势 (α_i, β_j). 设局

中人 I 的得为 a_{ij}，于是局中人 II 的得为 $-a_{ij}$．因此，只须写出 I 的得即可．矩阵

$$A = \begin{pmatrix} a_{11} & a_{12} & \ldots & a_{1n} \\ a_{21} & a_{22} & \ldots & a_{2n} \\ \vdots & \vdots & & \vdots \\ a_{m1} & a_{m2} & \ldots & a_{mn} \end{pmatrix}$$

称为矩阵对策的支付矩阵．

当局中人 I、II 和策略集 S_1、S_2 及局中人 I 的赢得矩阵（即支付矩阵） $A = (a_{ij})_{m \times n}$ 确定后，一个矩阵对策就确定了，所以，矩阵对策的数学模型可表示为

$$G = \{ \text{I}, \text{II}; S_1, S_2; A \},$$

简记作

$$G = \{ S_1, S_2; A \}.$$

"田忌赛马"的对策实例中，设齐王为局中人 I，田忌为局中人 II，他们的策略均依次为：（上，中，下）、（上，下，中）、（中，上，下）、（中，下，上）、（下，中，上）、（下，上，中）．赢一局得一分，输一局失一分（得 -1 分），三局总得分为支付矩阵中的元素．则其支付矩阵为

$$A = \begin{pmatrix} 3 & 1 & 1 & 1 & 1 & -1 \\ 1 & 3 & 1 & 1 & -1 & 1 \\ 1 & -1 & 3 & 1 & 1 & 1 \\ -1 & 1 & 1 & 3 & 1 & 1 \\ 1 & 1 & -1 & 1 & 3 & 1 \\ 1 & 1 & 1 & -1 & 1 & 3 \end{pmatrix}.$$

1.最优纯策略

下面我们通过分析一个简单的例子，进而直观地给出最优纯策略的概念．

例 5.16 甲乙两队进行乒乓球团体赛．每队由三名球员组成，双方各可排出三种不同的阵容．设甲队为局中人 I，乙队为局中人 II，每一种阵容为一个策略，得 $S_1 = \{\alpha_1, \alpha_2, \alpha_3\}$，$S_2 = \{\beta_1, \beta_2, \beta_3\}$．根据以往两队比赛的记录，甲队得分情况的赢得矩阵为

$$A = \begin{pmatrix} 3 & 1 & 2 \\ 6 & 0 & -3 \\ -5 & -1 & 4 \end{pmatrix},$$

问：这次比赛双方应如何对阵？

对 A 分析可以看出，各局中人如果不想冒险，就应该考虑从自身可能出现的最坏情况下着眼，去选择一种尽可能好的结果，这就是所谓 "理智行为". 按照这个各方均避免冒险的观念，就形成如下的推演过程.

选出 I 在各个策略下的最少赢得，即 A 中各行的最小数

$$1, -3, -5.$$

为了多得分，故求这些最小数中的最大者

$$\max\{1, -3, -5\} = 1.$$

1 所对应的 α_1，即为 I 在最坏情况下，所能得到最好结果的策略. 此时，无论 II 取哪种策略，I 的得分不会少于 1.

同理，选出 II 在各个策略下的最大支付，即 A 中各列的最大数

$$6, 1, 4.$$

为了少失分，故求这些最大数中的最小者

$$\min\{6, 1, 4\} = 1.$$

1 所对应的 β_2，即为 II 在最坏情况下，所能得到最好结果的策略. 此时，无论 I 取哪个策略，II 的失分不会超过 1.

这样，我们找到一个对双方来说都是最稳妥的方案：I 取 α_1，II 取 β_2，构成局势 (α_1, β_2)，得 (失) 为 1 分. 上述过程可表述如下

	β_1	β_2	β_3	$\min\limits_{j}$
α_1	3	1	2	1*
α_2	6	0	-3	-3
α_3	-5	-1	4	-5
$\max\limits_{i}$	6	1*	4	

那么，对于一般矩阵对策，就形成如下定义.

定义 5.1　设 $G = \{S_1, S_2; A\}$ 为一矩阵对策，其中 $S_1 = \{\alpha_1, \alpha_2, \cdots, \alpha_m\}$，$S_2 = \{\beta_1, \beta_2, \cdots, \beta_n\}$，$A = (a_{ij})_{m \times n}$. 若

$$\max_i \min_j a_{ij} = \min_j \max_i a_{ij} \tag{5.1}$$

成立, 记其值为 V_G. 称 V_G 为对策的值, 称使式 (5.1) 成立的局势 $(\alpha_{i^*}, \beta_{j^*})$ 为 G 的解 (或平衡局势), 称 α_{i^*} 和 β_{j^*} 分别为局中人 I 和 II 的最优纯策略.

从例 5.16 还可看出, 矩阵 A 中平衡局势 (α_1, β_2) 对应的元素 a_{12} 既是其所在行的最小元素, 又是其所在列的最大元素, 即有

$$a_{i2} \leqslant a_{12} \leqslant a_{1j}, \qquad i = 1, 2, 3; j = 1, 2, 3.$$

对一般矩阵对策, 可得如下定理.

定理 5.1 矩阵对策 $G = \{S_1, S_2; A\}$ 在纯策略意义下有解的充要条件是: 存在纯局势 $(\alpha_{i^*}, \beta_{j^*})$, 使得对任意 i 和 j, 有

$$a_{ij^*} \leqslant a_{i^*j^*} \leqslant a_{i^*j}. \tag{5.2}$$

证 充分性 由式 (5.2), 有

$$\max_i a_{ij^*} \leqslant a_{i^*j^*} \leqslant \min_j a_{i^*j}.$$

而

$$\min_j \max_i a_{ij} \leqslant \max_i a_{ij^*}, \quad \min_j a_{i^*j} \leqslant \max_i \min_j a_{ij}.$$

所以

$$\min_j \max_i a_{ij} \leqslant a_{i^*j^*} \leqslant \max_i \min_j a_{ij}. \tag{5.3}$$

另一方面, 对任意 i, j, 由

$$\min_j a_{ij} \leqslant a_{ij} \leqslant \max_i a_{ij}.$$

所以

$$\max_i \min_j a_{ij} \leqslant \min_j \max_i a_{ij}. \tag{5.4}$$

由式 (5.3) 和式 (5.4), 有

$$\max_i \min_j a_{ij} = \min_j \max_i a_{ij} = a_{i^*j^*},$$

且 $V_G = a_{i^*j^*}$.

必要性 设有 i^*, j^*, 使得

$$\min_j a_{i^*j} = \max_i \min_j a_{ij}, \quad \max_i a_{ij^*} = \min_j \max_i a_{ij}.$$

则由

$$\max_i \min_j a_{ij} = \min_j \max_i a_{ij},$$

有

$$a_{ij^*} \leqslant \max_i a_{ij^*} = \min_j a_{i^*j} \leqslant a_{i^*j^*} \leqslant \max_i a_{ij^*} \min_j a_{i^*j} \leqslant a_{i^*j}.$$

证毕.   □

对任意矩阵 A, 称使式 (5.2) 成立的元素 $a_{i^*j^*}$ 为 **矩阵 A 的鞍点**. 在矩阵对策中, 矩阵 A 的鞍点也称为 **对策的鞍点**.

定理 5.1 中式 (5.2) 的对策意义是: 一个平衡局势 $(\alpha_{i^*}, \beta_{j^*})$ 应具有这样的性质: 当局中人 I 选择了纯策略 α_{i^*} 后, 局中人 II 为了使其所失最少, 只能选择纯策略 β_{j^*}, 否则就可能失得更多; 反之, 当局中人 II 选择了纯策略 β_{j^*} 后, 局中人 I 为了得到最大的赢得也只能选择 α_{i^*}, 否则就会赢得更少, 双方的竞争在局势 $(\alpha_{i^*}, \beta_{j^*})$ 下达到了一个平衡状态.

一般对策的解可以是不惟一的, 当解不惟一时, 解之间的关系具有下面两条性质:

性质 1(无差别性)   若 $(\alpha_{i_1}, \beta_{j_1})$ 和 $(\alpha_{i_2}, \beta_{j_2})$ 是对策 G 的两个解, 则

$$a_{i_1j_1} = a_{i_2j_2}.$$

性质 2(可交换性)   若 $(\alpha_{i_1}, \beta_{j_1})$ 和 $(\alpha_{i_2}, \beta_{j_2})$ 是对策 G 的两个解, 则 $(\alpha_{i_1}, \beta_{j_2})$ 和 $(\alpha_{i_2}, \beta_{j_1})$ 也是对策 G 的解.

这两条性质表明: 矩阵对策的值 V_G 是惟一的, 即当一个局中人选择了最优纯策略后, 他的赢得值不依赖于对方的策略.

下面是一个矩阵对策应用的例子.

例 5.17   某单位采购员在秋天时要决定冬季取暖用煤的采购量. 已知在正常气温条件下需要煤 15 吨, 在较暖和较冷气温条件下分别需要煤 10 吨和 20 吨. 假定冬季的煤价随天气寒冷程度而变化, 在较暖、正常、较冷气温条件下每吨煤的价格分别为 100 元, 150 元和 200 元. 又设秋季时每吨煤的价格为 100 元. 在没有关于当年冬季情况准确预报的条件下, 秋季时应采购多少吨煤, 能使总支出最少?

解   这个问题可看成一个对策问题, 把采购员看成一个局中人, 他有三个策略: 在秋天时购买 10 吨, 或 15 吨, 或 20 吨煤, 分别记为 $\alpha_1, \alpha_2, \alpha_3$. 本对策的另一局中人可看成是大自然, 它也有三个策略: 出现较暖、或正常、或较冷的冬季, 分别记为 $\beta_1, \beta_2, \beta_3$.

现把该单位冬季用煤的全部费用 (秋季购煤费与冬季不够时再补贴的费用之和) 作为采购员的赢得, 得到赢得表如下

	β_1	β_2	β_3
α_1	-1000	-1750	-3000
α_2	-1500	-1500	-2500
α_3	-2000	-2000	-2000

由

$$\max_i \min_j a_{ij} = \min_j \max_i a_{ij} = a_{33} = -2000.$$

因此，对策的解为 (α_3, β_3)，即秋季购煤 20 吨较好.

2. 混合策略

由上面讨论可知，在一个矩阵对策 $G = \{S_1, S_2; A\}$ 中，局中人 I 能保证的至少赢得是

$$v_1 = \max_i \min_j a_{ij},$$

局中人 II 能保证的至多损失是

$$v_2 = \min_j \max_i a_{ij}.$$

一般，局中人 I 的赢得不会多于局中人 II 的损失，故总有

$$v_1 \leqslant v_2.$$

当 $v_1 = v_2$ 时，矩阵对策在纯策略意义下有解，且 $V_G = v_1 = v_2$. 然而，实际中出现的更多情形是 $v_1 < v_2$，这时，根据定义 5.1，对策不存在纯策略意义下的解. 例如，对赢得矩阵为

$$A = \begin{pmatrix} 3 & 6 \\ 5 & 4 \end{pmatrix}$$

的对策来说

$$v_1 = \max_i \min_j a_{ij} = 4, \quad i^* = 2,$$
$$v_2 = \min_j \max_i a_{ij} = 5, \quad j^* = 1,$$
$$v_2 = 5 > 4 = v_1.$$

于是，对两个局中人来说，不存在一个双方都可以接受的平衡局势，即不存在纯策略意义下的解. 在这种情况下，一个比较自然且合乎实际的想法是：既然局中人没有最优策略可出，是否可以给出一个选择不同策略的概率分布. 如局中人 I 可制订这样一个策略：分别以概率 $\frac{1}{4}$ 和 $\frac{3}{4}$ 选取纯策略 α_1 和 α_2，称这种策略为一个混合策略. 同样，局中人 II 也可以制订这样一种混合策略：分别以概率 $\frac{1}{2}, \frac{1}{2}$ 选取纯策略 β_1, β_2. 下面，给出矩阵对策混合策略及其在混合策略意义下解的定义.

定义 5.2 设有矩阵对策 $G = \{S_1, S_2; A\}$，其中 $S_1 = \{\alpha_1, \cdots, \alpha_m\}$，$S_2 = \{\beta_1, \cdots, \beta_n\}$，$A = (a_{ij})_{m \times n}$. 记

$$S_1^* = \left\{ x \in E^m | x_i \geqslant 0, i = 1, \cdots, m; \sum_{i=1}^m x_i = 1 \right\},$$

$$S_2^* = \left\{ y \in E^n | y_j \geqslant 0, j = 1, \cdots, n; \sum_{j=1}^{n} y_j = 1 \right\},$$

则分别称 S_1^* 和 S_2^* 为局中人 I 和 II 的混合策略集 (或策略集); 对 $x \in S_1^*$ 和 $y \in S_2^*$, 称 x 和 y 为混合策略 (或策略), 称 (x,y) 为一个混合局势 (或局势). 局中人 I 的赢得函数记成

$$E(x,y) = x^{\mathrm{T}} A y = \sum_i \sum_j a_{ij} x_i y_j.$$

称 $G^* = \{S_1^*, S_2^*; E\}$ 为对策 G 的混合扩充.

不难看出, 纯策略是混合策略的一个特殊情形. 例如, 局中人 I 的纯策略 α_k 等价于混合策略 $x = (x_1, \cdots, x_m)^{\mathrm{T}}$, 其中

$$x_i = \begin{cases} 1, & i = k \\ 0, & i \neq k \end{cases}$$

一个混合策略 $x = (x_1, \cdots, x_m)^{\mathrm{T}}$ 可理解为: 如果进行多局对策 G 的话, 局中人 I 分别选取纯策略 $\alpha_1, \cdots, \alpha_m$ 的频率; 若只进行一次对策, 则反映了局中人 I 对各策略的偏爱程度.

定义 5.3　设 $G^* = \{S_1^*, S_2^*; E\}$ 是矩阵对策 $G = \{S_1, S_2; A\}$ 的混合扩充. 如果

$$\max_{x \in S_1^*} \min_{y \in S_2^*} E(x,y) = \min_{y \in S_2^*} \max_{x \in S_1^*} E(x,y), \tag{5.5}$$

记其值为 V_G. 则称 V_G 为对策 G 的值, 称使 (5.5) 式成立的混合局势 (x^*, y^*) 为 G 在混合策略意义下的解 (或平衡局势), 称 x^* 和 y^* 分别为局中人 I 和 II 的最优混合策略.

在求对策模型的最优解时, 若 G 在纯策略意义下的解不存在, 则表示求它在混合策略意义下的解. 因此, 对矩阵对策 G 及其混合扩充 G^* 一般不加区别, 都用 $G = \{S_1, S_2; A\}$ 来表示.

类似定理 5.1 的证明, 可得到矩阵对策 G 在混合策略意义下解存在的鞍点型充要条件. 我们记 $E(x, y^*) = \min_{y \in S_i} E(x, y), E(x^*, y) = \max_{x \in S_1^*} E(xy)$.

定理 5.2　矩阵对策 G 在混合策略意义下有解的充要条件是: 存在 $x^* \in S_1^*, y^* \in S_2^*$, 使得对任意 $x \in S_1^*$ 和 $y \in S_2^*$, 有

$$E(x, y^*) \leqslant E(x^*, y^*) \leqslant E(x^*, y). \tag{5.6}$$

下面以例 5.18 来验证定理 5.2.

例 5.18 考虑矩阵对策 $G = \{S_1, S_2; A\}$, 其中

$$A = \begin{pmatrix} 3 & 6 \\ 5 & 4 \end{pmatrix},$$

求对策的解.

解 由前面讨论已知 G 在纯策略意义下无解, 故设 $x = (x_1, x_2)$ 和 $y = (y_1, y_2)$ 分别为局中人 I 和 II 的混合策略, 则

$$S_1^* = \{(x_1, x_2) | x_1, x_2 \geqslant 0, x_1 + x_2 = 1\},$$
$$S_2^* = \{(y_1, y_2) | y_1, y_2 \geqslant 0, y_1 + y_2 = 1\}.$$

局中人 I 的赢得的期望是

$$\begin{aligned}
E(x, y) &= 3x_1y_1 + 6x_1y_2 + 5x_2y_1 + 4x_2y_2 \\
&= 3x_1y_1 + 6x_1(1 - y_1) + 5(1 - x_1)y_1 + 4(1 - x_1)(1 - y_1) \\
&= -4 \left(x_1 - \frac{1}{4} \right) \left(y_1 - \frac{1}{2} \right) + \frac{9}{2}.
\end{aligned}$$

取 $x^* = \left(\dfrac{1}{4}, \dfrac{3}{4} \right)$, $y^* = \left(\dfrac{1}{2}, \dfrac{1}{2} \right)$, 则 $E(x^*, y^*) = \dfrac{9}{2}$, $E(x^*, y) = E(x, y^*) = \dfrac{9}{2}$, 即有

$$E(x, y^*) \leqslant E(x^*, y^*) \leqslant E(x^*, y).$$

故 $x^* = \left(\dfrac{1}{4}, \dfrac{3}{4} \right)$ 和 $y^* = \left(\dfrac{1}{2}, \dfrac{1}{2} \right)$ 分别为局中人 I 和 II 的最优策略, 对策的值 (局中人 I 的赢得的期望值) 为 $V_G = \dfrac{9}{2}$.

三、矩阵对策的线性规划解法

矩阵对策在纯策略意义下的解往往不存在. 在混合策略意义下的解是否存在呢? 如果存在, 又如何求得呢? 由矩阵对策的基本定理证明了:

对任一矩阵对策 $G = \{S_1, S_2; A\}$, 一定存在混合策略意义下的解.

其实这一定理的构造性证明, 同时给出了一个求解矩阵对策的基本方法——线性规划方法. 至于矩阵对策的基本定理的证明, 请有兴趣的读者阅读参考文献 [1]. 在此, 我们将不再费篇幅来证明它们, 仅通过简明的阐述, 让读者了解用线性规划方法求解矩阵对策的最优混合策略的原理.

设 $A = (a_{ij})$ 是矩阵对策的赢得矩阵. 可假设 A 为一正矩阵, 以确保对策值为正 (以下过程中需要将其作分母); 否则只需对 A 的每个元素加上同一个适当的整数, 就可以满足该条件, 而且求得的最优混合策略就是原问题的最优解 (思考题 3: 在这种情况下, 对策值如何变化?).

当局中人 I 采用混合策略 $x^* = (x_1, x_2, \cdots, x_m) \in S_1^*$ 时, 他的赢得值至少是 w, 同时希望 w 极大. 因此 x^* 为下列线性规划 P 的最优解.

$$
\begin{aligned}
\text{P} \qquad & \max \quad w, \\
& \text{s.t.} \quad \sum_i a_{ij} x_i \geqslant w \qquad (j = 1, 2, \cdots, n), \\
& \qquad\quad \sum_i x_i = 1, \\
& \qquad\quad x_i \geqslant 0 \qquad\qquad (i = 1, 2, \cdots, m).
\end{aligned}
$$

令

$$
x_i' = \frac{x_i}{w}, \tag{5.7}
$$

其中 $i = 1, 2, \cdots, m$. 故问题 P 等价于线性规划问题

$$
\begin{aligned}
\text{P}' \qquad & \min \quad \sum_i x_i', \\
& \text{s.t.} \quad \sum_i a_{ij} x_i' \geqslant 1 \qquad (j = 1, 2, \cdots, n), \\
& \qquad\quad x_i' \geqslant 0 \qquad\qquad (i = 1, 2, \cdots, m).
\end{aligned}
$$

类似, 当局中人 II 采用混合策略 $y^* = (y_1, y_2, \cdots, y_n) \in S_2^*$ 时, 他的赢得值至多是 v, 同时希望 v 极小. 因此 y^* 为下列线性规划 D 的最优解.

$$
\begin{aligned}
\text{D} \qquad & \min \quad v, \\
& \text{s.t.} \quad \sum_j a_{ij} y_j \leqslant v \qquad (i = 1, 2, \cdots, m), \\
& \qquad\quad \sum_j y_j = 1, \\
& \qquad\quad y_j \geqslant 0 \qquad\qquad (j = 1, 2, \cdots, n).
\end{aligned}
$$

令

$$
y_j' = \frac{y_j}{v}, \tag{5.8}
$$

其中 $j = 1, 2, \cdots, n$. 故问题 D 等价于线性规划问题

$$
\begin{aligned}
\text{D}' \qquad & \max \quad \sum_j y_j', \\
& \text{s.t.} \quad \sum_j a_{ij} y_j' \leqslant 1 \qquad (i = 1, 2, \cdots, m), \\
& \qquad\quad y_j' \geqslant 0 \qquad\qquad (j = 1, 2, \cdots, n).
\end{aligned}
$$

显然, 问题 P′ 和 D′ 互为对偶线性规划, 可利用单纯形或对偶单纯形方法求解, 求解后, 再由式 (5.7) 和式 (5.8), 即可得到原对策问题的解和对策的值

$$
w = \frac{1}{\displaystyle\sum_i x_i'}, \qquad x_i = x_i' w \qquad (i = 1, 2, \cdots, m);
$$

$$v = \frac{1}{\sum\limits_{j} y'_j}, \qquad y_i = y'_i v \qquad (j = 1, 2, \cdots, n).$$

例 5.19 利用线性规划方法求解矩阵对策 "田忌赛马" 问题.

解 "田忌赛马" 的支付矩阵 A 前文已经给出, 但 A 不是正矩阵, 将 A 的每个元素均加上 2, 于是得下列线性规划

P'   min $x'_1 + x'_2 + x'_3 + x'_4 + x'_5 + x'_6,$

s.t. $5x'_1 + 3x'_2 + 3x'_3 + x'_4 + 3x'_5 + 3x'_6 \geqslant 1,$

$3x'_1 + 5x'_2 + x'_3 + 3x'_4 + 3x'_5 + 3x'_6 \geqslant 1,$

$3x'_1 + 3x'_2 + 5x'_3 + 3x'_4 + x'_5 + 3x'_6 \geqslant 1,$

$3x'_1 + 3x'_2 + 3x'_3 + 5x'_4 + 3x'_5 + x'_6 \geqslant 1,$

$3x'_1 + x'_2 + 3x'_3 + 3x'_4 + 5x'_5 + 3x'_6 \geqslant 1,$

$x'_1 + 3x'_2 + 3x'_3 + 3x'_4 + 3x'_5 + 5x'_6 \geqslant 1,$

$x'_i \geqslant 0 \qquad (i = 1, 2, \cdots, 6).$

和

D'   max $y'_1 + y'_2 + y'_3 + y'_4 + y'_5 + y'_6,$

s.t. $5y'_1 + 3y'_2 + 3y'_3 + 3y'_4 + 3y'_5 + y'_6 \leqslant 1,$

$3y'_1 + 5y'_2 + 3y'_3 + 3y'_4 + y'_5 + 3y'_6 \leqslant 1,$

$3y'_1 + y'_2 + 5y'_3 + 3y'_4 + 3y'_5 + 3y'_6 \leqslant 1,$

$y'_1 + 3y'_2 + 3y'_3 + 5y'_4 + 3y'_5 + 3y'_6 \leqslant 1,$

$3y'_1 + 3y'_2 + y'_3 + 3y'_4 + 5y'_5 + 3y'_6 \leqslant 1,$

$3y'_1 + 3y'_2 + 3y'_3 + y'_4 + 3y'_5 + 5y'_6 \leqslant 1,$

$y'_i \geqslant 0 \qquad (i = 1, 2, \cdots, 6).$

解这对对偶规划, 得最优解: $x'^* = y'^* = \left(\dfrac{1}{18}, \dfrac{1}{18}, \dfrac{1}{18}, \dfrac{1}{18}, \dfrac{1}{18}, \dfrac{1}{18} \right)$, 最优值为: $w^* = v^* = 3$, 原问题的对策值应减去 2(前面加上的值) 为 1. 因此, $x^* = y^* = \left(\dfrac{1}{6}, \dfrac{1}{6}, \dfrac{1}{6}, \dfrac{1}{6}, \dfrac{1}{6}, \dfrac{1}{6} \right)$, 即齐王与田忌对各自的 6 个策略采用的概率均为 $\dfrac{1}{6}$, 对策值为 1. 即双方都以 $\dfrac{1}{6}$ 的概率选取每个纯策略, 或者说在 6 个纯策略中随机地选取一个即作为最优策略, 总的结局应该是: 齐王赢得的期望值为 1 千金. 但是, 如果齐王在每出一匹马前将自己的选择告诉对方, 即公开自己的策略, 例如齐王的出马次序是 (上、中、下), 并且这个次序让田忌知道了, 则田忌就可用 (下、中、上) 的出马次序对付之, 结果是田忌反而可赢得 1 千金. 因此, 当矩阵对策不存在鞍点时, 竞争的双方均应对自己的策略 (每局中的纯策略) 加以保密, 否则, 策略被公开的一方是要吃亏的.

其实, 求解对策问题的方法还有许多, 比如: 公式法、图解法和方程组法等. 但公式法只能求解两个局中人各只有两个纯策略的矩阵对策问题; 图解法尽管很直观, 但是它只为赢得矩阵为 $2 \times n$ 或 $m \times 2$ 阶的矩阵对策问题提供解法; 方程组法本质上与线性规划相一致. 在此我们不再赘述.

§5.4　统筹方法

当今, 人们普遍认为科学、管理与技术是现代经济发展的三大杠杆, 网络计划技术正是强有力的一种科学的管理技术.

1957 年, 美国化学公司 Du Pont 的 M.R.Walker 与 Rand 通用电子计算机公司的 J. E. Kelly 为了协调公司内部不同业务部门的工作, 共同研究出关键路线方法 (简记作 CPM). 首次把这一方法用于一家化工厂的筹建, 结果筹建工程提前两个月完成. 随后又把这一方法用于工厂的维修, 结果使停工时间缩短了 47 个小时, 当年就取得节约资金达百万元的可观效益.

1958 年, 美国海军武器规划局特别规划室研制包含约 3000 项工作任务的北极星导弹潜艇计划, 参与的厂商达 11000 多家. 为了有条不紊而又高效率地实施如此复杂的工作, 特别规划室领导人 W.Fazar 积极支持与推广由专门小组创建的计划评审技术 (简记作 PERT). 结果研制计划提前两年完成, 取得了极大成功.

CPM 在民用企业与 PERT 在军事工业中的显著成效, 自然引起了普遍的重视. 在很短的时期内, CPM 与 PERT 就被应用于工业、农业、国防与科研等复杂的计划管理工作中, 随后又推广到世界各国. 在应用推广 CPM 与 PERT 的过程中, 又派生出多种各具特点, 各有侧重的类似方法. 但是万变不离其宗, 各种有所不同的方法, 其基本原理都源于 CPM 与 PERT.

CPM 与 PERT 两种方法实质上大同小异. 简略地讲, 主要相同点是:

(1) 通过由多个过程与工序按一定顺序所组成的网络图来表示工程计划.

(2) 通过对重要参数的计算, 找出关键工序与关键路线.

(3) 按优化思想, 调整网络图, 以达到预期目标的最优方案.

主要的相异点是:

(1) 制定工序时间方面: CPM 由以往的经验数据 (劳动定额与统计资料) 来确定, 所以, CPM 又称为确定型网络计划技术. PERT 则用于缺乏经验数据的情况, 而以概率方法 (三种时间估计方法) 来确定, 所以 PERT 又称为非确定型网络计划技术.

(2) 选择优化目标方面: CPM 一般是追求最低成本日程, 多用于建筑、化工等经常性工程. PERT 一般追求最短工期, 多用于科研、试制等一次性工程.

在此, 我们把 CPM 与 PERT 及其他类似方法统称为网络计划技术, 这也是在国内外的工矿企业中广为流行的名称. 习惯上, 简称为网络技术或网络方法, 简记为统筹方法.

网络计划技术最适用于大规模工程项目. 工程愈大, 非但人们的经验难以胜任, 就是用以往的某些管理方法(例如反映进度与产量的线条图等方法)来进行计划控制也愈加困难. 相反地, 在项目繁多复杂的情况下, 网络计划技术则可以大显身手.

1962 年, 我国科学家钱学森首先将网络计划技术引进国内. 1963 年, 在研制国防科研系统 SI 电子计算机的过程中, 采用了网络计划技术, 使研制任务提前完成, 计算机的性能稳定可靠. 随后, 经过我国数学家华罗庚对网络计划技术的大力推广, 终于使这一科学的管理技术在中国生根发芽, 开花结果. 鉴于这类方法共同具有 "统筹兼顾、合理安排" 的特点, 我们又把它们称为统筹方法, 网络图也称统筹图. 本节主要讲述统筹方法的基本思想.

现在通过对例 5.20 的分析, 来看一看统筹方法的基本思想究竟是怎样的.

例 5.20 设表 5.29 是某部件生产计划中有关项目的明细表.

表 5.29

项目	工期 / 天	代号
设计锻模	10	A
制造锻模	15	B
生产锻模	10	C
制造木模	25	D
生产铸件	15	E
设计工装	20	F
制造工装	40	G

作出该部件的生产计划流程图并加以分析, 再提出使完工期缩短的改进措施.

分析 本例可称为 "生产过程的优化问题". 衡量的数量指标是 "完成工程的时间" 越短越好. 鉴于工厂生产的实际情况, 可知明细表中所列各项目的先后顺序关系不允许更动, 也不可能对任一项目进行分解. 例如, 依照工艺过程, 必须先制造木模, 才能去生产铸件. 这样就可得到图 5.6 所示的生产计划流程的一个方案.

从图 5.6 中可见, A, D, F 三个项目同时开工, 随后分成三条支路. 先考察上、中、下三条支路上各项目总共所费的时间. 具体地说, 有

$$上支路 \quad 10 + 15 + 10 = 35,$$
$$中支路 \quad 25 + 15 \quad\quad = 40,$$
$$下支路 \quad 20 + 40 \quad\quad = 60.$$

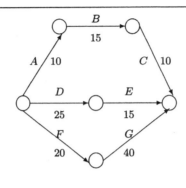

图 5.6

比较之, 可见 F 与 G 两个项目合成的下支路所花时间最长. 因此, 该部件生产计划的完工期实质上受 F 与 G 两个项目工时的制约.

设想一下, 即使 A,B,C,D,E 都如期完工, 但是由于 F,G 还在进行中, 先完工的人员与设备如不及时利用只能闲置起来, 造成所谓 "窝工" 现象, 这就产生了浪费. 要是有可能重新调配力量, 适当地让 A,B,C 或 D,E 慢点完工, 同时力求 F、G 快点完工, 那么就可能缩短工程的完工期. 于是可以采取如下措施: 把上支路或中支路上的资源 (人员, 设备等) 适当抽调一部分到下支路上去, 以加快完工期. 当然, 这里已设被抽调的资源适用于下支路上的项目. 例如, 设计锻模 (A) 的人也要会设计工装 (F), 从而可以去支援 F. 此外, 从某项目上被抽调的资源数量必须适当, 抽调过多, 原项目的完工时间将大为延长, 反过来又会影响完工期.

因此, 时间最长的那条支路对于完工期起着关键的作用, 所以被称为 **关键路线**.

下面所要讨论的统筹方法基本思想, 简单地说就是: **"向关键路线要时间, 向非关键路线要资源, 以达到预期目标的最优."**

统筹方法主要由互相关联的三部分内容组成:

(1) 统筹图概念及绘图规则;

(2) 统筹图各参数的计算法;

(3) 统筹计划的调整与优化.

一、统筹图的绘制

统筹图的结点一律画成圆圈. 实质上, 统筹图正是一个含时间因素的作业流程图.

1. 术语与符号

凡是要完成的一项工作任务, 都称为一项工程. 不言而喻, 欲将统筹图应用到编制工程的实施计划时, 这样的统筹图必须具备两个功能:

①能完整而系统地反映出工程自始至终的全过程;

②能确切而逻辑地表示出工程各方面的内在关系.

因此,在研究和应用网络计划技术之前,先要熟悉有关的网络符号与工程术语.

(1) 工序

工程中各个环节上相对独立的活动称为 **工序**. 各道工序按照工艺技术或组织管理上的要求,逻辑地依序排列而组成一个工程;反之,对一个工程进行科学而合理的分解,就得出一道道工序,工序必定要消耗资源或时间. 工序总假设为要消耗一定的时间或费用.

工序以箭线来表示,在统筹图中,箭线的两侧分别标上该道工序的代号(标在上、左侧)与完成该道工序所需要的时间数据(通常以小时为单位称为工时,以天为单位称为工期,标在下、右侧).

为了确切而逻辑地表示工程中各方面的内在关系,有时必须在统筹图中人为地添设虚加的工序,称为 **虚工序**. 并且以虚箭线来表示. 通常虚工序不写代号及时间数据(或时间为 0). 实质上,虚工序的功能仅仅表示有关工序之间的逻辑关系(衔接,依存或制约等关系),它不消耗资源与时间. 在具体实施计划时,虚工序并不出现.

(2) 结点

工序开工这一事件称为该工序的 **开工结点**,又称 **箭尾结点**(即表示工序的箭线的起点);工序完工这一事件称为该工序的 **完工结点**,又称 **箭头结点**(即表示工序的箭线的终点). 两者统称为 **结点**. 每道工序的开工与完工两个结点,称为该工序的 **相关结点**. 如果一道工序的完工结点同时为另一道工序的开工结点,那么这两道工序称为 **相邻工序**,且前者称为后者的 **紧前工序**,后者称为前者的 **紧后工序**. 换言之,这样的结点既是紧前工序的完工结点又是紧后工序的开工结点. 凡是以某结点为开工或完工结点的工序都称为该结点的相关工序.

结点以圆圈来表示. 在统筹图中,由于结点反映在时间轴上是表现为一个时刻,所以我们在圆圈的内部标上结点的编号,常用非负整数来表示. 除了表示工程开工的始结点与表示工程完工的终结点以外,统筹图中的其他结点都是其相邻工序(包括虚工序)的时间分界点. 图 5.6 中的小圆圈就是尚未编号的结点.

(3) 统筹图

将表示工序的箭线与表示结点的圆圈组合起来,标上工序时间,就成为一个赋权的有向图,即统筹图. 在网络计划技术中,这样的统筹图专门称为 **箭线式统筹图**,以与另外一种结点式统筹图相区别. 所谓 **结点式统筹图** 是以箭线表示工序的逻辑关系,圆圈表示工序的图,应用较少. 今后我们只讨论箭线式统筹图,并简称为统筹图,国内外的企业中也常常称为箭头图.

2.绘制统筹图的方法

(1) 统筹图中不能出现有向圈 (即回路). 工序 a, b 相邻, a 为 b 的紧前工序, b 为 c 的紧前工序, c 为 d 的紧前工序, d 又为 a 的紧前工序. 这四个工序互为牵制, 实际情况中不允许出现回路.

(2) 不能有两个工序同时有相同起点和相同终点.

(3) 统筹图中只能有一个起点和一个终点.

(4) 引入虚工序, 为了不违反第 2 和 3 规则, 有时需虚设工序.

例 5.21 一工程工序之间关系如表 5.30 所示, 其统筹图如图 5.8.

表 5.30

工序	紧前工序
a	—
b	—
c	a,b
d	b

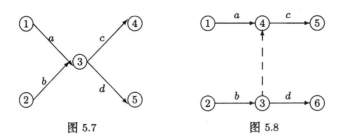

图 5.7   图 5.8

图 5.7 中 a 无紧前工序, b 无紧前工序, c 的起点为 3, 而结点 3 为工序 a, b 的终点, 故 c 的紧前工序为 a,b, 同样 d 的紧前工序也为 a,b, 与表 5.30 给出工序关系不一致, 故图 5.7 不是所求统筹图. 在图 5.8 中, 工序 c 的起点为 4, 而结点 4 为 a 的终点, 也为虚工序的终点, 由虚工序的特点, 相当于将结点 3 合并到结点 4, 但并不等于结点 3 与结点 4 重合, 也与将结点 4 合并到结点 3 有别, 所以结点 4 也为 b 的终点, 于是工序 c 的紧前工序为 a 和 b.

虽然图 5.8 正确地反映出表 5.30 所给出的工序关系, 但不满足规则 3, 于是虚设一个工程起点 0 和终点 7 以及四个虚工序, 得图 5.9. 在一般的统筹图中, 如有一个以上的起点, 我们可以虚设另外一个点, 然后以该点为虚工序的起点, 原起点为虚工序的终点, 引若干虚工序, 即可将统筹图化为一个起点. 对于有一个以上的终点的统筹图, 可以类似地化到一个终点.

进一步可以去掉不必要的虚工序, 将图 5.9 简化为图 5.10.

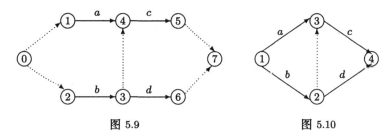

图 5.9   图 5.10

(5) 平行作业.

如果有多个工序可以同时开工, 而完工允许有先后, 作业流程的这一环节称为 **平行作业**. 显见, 平行作业最有利于缩短工程完工时间, 所以只要有可能, 应该尽量采用平行作业. 下列给出了平行作业的画法.

例 5.22 设某工程的工序明细表如表 5.31 所示.

表 **5.31**

工序	工时	紧前工序
A	4	—
B	3	A
C	5	A
D	2	A
E	2	B,C,D

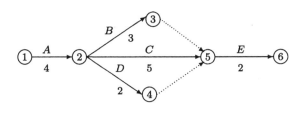

图 5.11

在 A 完工后, B、C、D 同时开工, 并有一个公共的紧后工序 E. 此时按习惯画法, 在平行作业的各工序中将工时最长的工序选出一个来 (本例只有 C 是工时最长的工序), 把这个工序对应的箭线安排在统筹图平行作业环节的中间部位, 箭头直指紧后工序的箭尾结点. 在平行作业中的其他各工序的箭头结点后要添设虚工序对应的箭线, 虚箭线的箭头直指紧后工序的箭尾结点.

(6) 交叉作业

如果某种任务是多次重复, 并具有多道工序的作业, 那么可以把各次作业中的各道工序穿插起来进行. 这样的工作方式称为 **交叉作业**. 交叉作业也非常有利于缩短工程完工时间, 所以只要有可能, 也应该尽量采用.

例 5.23　某农场有 3000 公顷土地, 在夏收时同一块土地上必须先收割 (a 工序), 再耕地 (b 工序), 最后播种 (c 工序). 若各工序工期均需 12 天. 统筹图如图 5.12. 夏收需 36 天完成, 显然赶不上时节.

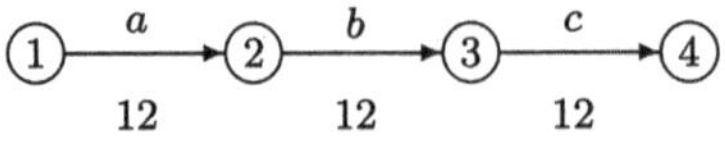

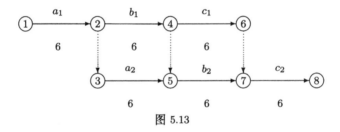

图 5.12

实际上不可能等 3000 公顷全部收割完后再去耕地, 而是割完一部分耕地后, 另一作业队立即对这块地进行收割. 这样几个工序交叉进行. 如果将 $a = a_1 + a_2$, $b = b_1 + b_2$, $c = c_1 + c_2$, 各工期为 6 天. 各工序的相互关系如表 5.32.

表 **5.32**

工序	a_1	a_2	b_1	b_2	c_1	c_2
紧前工序	—	a_1	a_1	a_2, b_1	b_1	b_2, c_1

此时统筹图如图 5.13, 夏收需 24 天.

图 5.13

如果 $a = a_1 + a_2 + a_3$, $b = b_1 + b_2 + b_3$, $c = c_1 + c_2 + c_3$. 各工期为 4 天, 工序相互关系如表 5.33, 统筹图如图 5.14.

表 **5.33**

工序	紧前工序	工序	紧前工序
a_1	—	b_3	a_3, b_2
a_2	a_1	c_1	b_1
a_3	a_2	c_2	b_2, c_1
b_1	a_1	c_3	b_3, c_2
b_2	a_2, b_1		

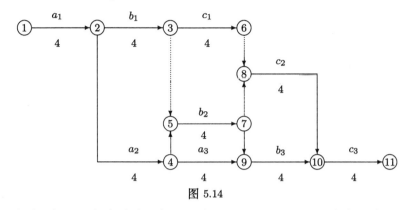

图 5.14

此时统筹图要复杂许多, 但总工期缩短至 20 天, 比没有交叉作业需 36 天少近一半时间.

3.统筹图的结点编号

待统筹图绘好后, 在表示结点的各结点的圆圈内, 统一编上号. 一个结点一个号, 由小号到大号, 编号数字可以跳跃递增.

在统筹图中结点编号有严格规定: 每一工序 (包括虚工序) 的起点编号必须小于终点编号. 一般工程起点编号为 1, 工程终点编号最大.

编号方法为: 将工程起点编号为 1, 然后将以已编号结点为起点的工序去掉, 在剩下的统筹图中将新的起点依次编号 (可能有多个起点, 此时任取一点进行编号), 直至工程终点编号完毕.

二、统筹图各参数的计算

为制订可作定量分析与控制的网络计划, 就必须对与网络计划有密切关系的各种时间参数进行计算, 这一工作简称为网络参数计算. 网络参数计算有多种方法, 常用的有图算法、表格法、矩阵法. 这里我们对应用最广泛的图算法作详细的讨论. 所谓 **图算法**, 就是直接在统筹图上计算并标上重要时间参数的计算法.

1.工序时间的计算

作出统筹图后, 我们的目的之一是最终确定工程工期或工程完工之日. 为此, 必须对有关的时间参数作一系列的计算. 必须指出, 工序时间的数据是计算其他一切时间参数的基础. 因此, 下面就从对工序时间的讨论入手, 逐一介绍各种重要的时间参数.

设工序箭线两端的结点编号是 i、j 且 $i < j$, 则 i 号结点对应工序的开工结点, 工序可表示成 (i, j), 对应的工序时间记作 $t(i, j)$.

确定 $t(i, j)$ 有下列两种方法:

(1) 经验统计法

对经常性工程, 一般说来各道工序有工时定额, 自然可取工时定额作为 $t(i, j)$.

如果无工时定额, 那么可以依据历史资料, 用统计方法确定一个合理的 $t(i,j)$. 在 CPM 中就用经验统计法来确定 $t(i,j)$.

(2) 概率估计法

对一次性工程, 有的工序往往既无工时也无历史资料. 此时 $t(i,j)$ 常用下列公式来计算

$$t = \frac{a + 4m + b}{6}, \tag{5.9}$$

其中, a 表示在顺利情况下, 完成工序的一个乐观时间估计值; b 表示在不利情况下, 完成工序的一个适当时间估计值; m 表示完成工序的最可能的时间估计值式 (5.9) 的合理性可以用概率论中关于随机变数的分布理论来解释.

在 PERT 中常用概率估计法来确定. 我们在下面讨论与网络计划有关的内容时, 都设 $t(i,j)$ 的数据已经确定.

2. 关键路线

对于任何工程, 在其他条件不变的情况下, 人们总希望工程能早日完成, 也就是通常所说的缩短工程工期. 而决定工程工期的正是从始点到终点各条路线中最长的路线——关键路线, 关键路线的路长即是工程工期. 为便于讨论, 将关键路线记作 L_c, 其路长记作 l_c, 按总体布局的要求, 关键路线尽量设置在图的中心部位, 并用红色或其他手段将它突出. 工程工期能否缩短取决于关键路线的路长能否缩短. 位于关键路线上的各道工序, 对缩短关键路线的路长起着关键性的作用, 所以统称为 **关键工序**. 关键工序有一个特点: 紧前关键工序的结束就是紧后关键工序的开始, 中间无停顿时间.

总之, 要缩短工程工期, 就得缩短关键路线的路长. 要缩短关键路线的路长, 就得缩短至少一个关键工序的工时. 于是给定一个网络计划后, 如何确定关键路线就成为首要的工作. 下面, 将讨论怎样通过对重要时间参数的计算来确定关键路线. 须知, 对一个由有限多条箭线及其结点组成的网络计划而言, 关键路线肯定存在, 但是, 不一定惟一.

其实, 在统筹图中, 最长的路即为关键路线或称为主要矛盾. 关键路线上的工序就是关键工序, 最长路的长度为该工程的工期. 在网络优化中已经介绍了寻找最长路的方法——标号法. 先对统筹图的终点进行标号: $v_n[0, 0]$, 然后去掉已标号点, 对统筹图中新的终点 v_i 进行标号 $[l_i, v_j]$, l_i 表示 v_i 到终点 v_n 的最长路的长度, v_j 表示 v_i 到终点 v_n 的最长路中的下一个结点.

$$l_i = \max_k \{d(v_i, v_k) + l_k\},$$

其中 v_k 表示已标号点, 且存在工序 (v_i, v_k), $d(v_i, v_k)$ 表示该工序的工期. 重复这一过程, 直至统筹图的起点标号. 在此我们再以一例来说明.

表 5.34

工序名称	工序代号	所需时间 / 天	紧前工序
产品设计及工艺设计	a	60	—
外购配件	b	45	a
下料、锻件	c	10	a
工件制造 1	d	20	a
木模、铸件	e	40	a
机械加工 1	f	18	c
工件制造 2	g	30	d
机械加工 2	h	15	d,e
机械加工 3	k	25	g
装配调试	l	35	b,f,k,h

例 5.24 表 5.34 给出一工程经分解后各工序的名称、工期与紧前工序, 试作出统筹图, 找出关键路及工程工期.

解

(1) 绘出统筹图 (图 5.15).

(2) 对统筹图编号.

(3) 用标号法找关键路. 为了表达清晰, 将各点标号不写在图中, 各点标号及次序如下

$v_8[0,0], v_7[35,8], v_6[60,7], v_3[53,7], v_5[50,7], v_4[90,6], v_2[110,4], v_1[170,2]$.

则关键路为 $v_1 \rightarrow v_2 \rightarrow v_4 \rightarrow v_6 \rightarrow v_7 \rightarrow v_8$, 关键路长即工程工期为 170 天. 关键工序为 a, d, g, k, l.

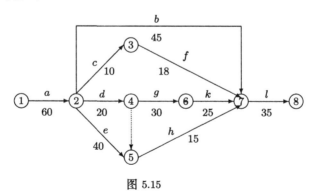

图 5.15

3.工序起讫时间表

(1) 工程最早完工时间

工程从开工到完工所经历的时间段落称为工程的完工时间. 由于工程不可能以少于关键路线长 l_c 的时间来完成, 因此就把 l_c 定作工程最早完工的时间, 记作

T. 即有

$$T = l_{\mathrm{c}}, \tag{5.10}$$

制订计划时，通常就将 T 取为工程的计划完工时间；而计划完工之时刻，被称为工程最早完工时期，也就是工程的计划完工时期.

自然，人们在实施计划时，并不满足于按照计划完工时间或日期完成工程，而是想方设法采取措施，力求以少于 T 的时间来完成工程，换言之，要努力将计划完工日期提前，这就涉及到后面要论述的网络计划优化问题.

注意，当将工程开工日期定为第零日，则工程完工时间与完工日期在数值上是相同的. 例如，工程完工时间是 100 天，则工程完工日期是第 100 日.

(2) 结点的时间参数计算

设结点编号为 $1, 2, \cdots, k, \cdots, n$. 有关结点的日期有两种：

①　结点最早日期，记作 $t_{\mathrm{E}}(k)$；

②　结点最迟日期，记作 $t_{\mathrm{L}}(k)$.

不失一般性，可将工程开工日期定为第零日，则合理规定

$$t_{\mathrm{E}}(1) = 0. \tag{5.11}$$

又由式（5.10），显然成立

$$t_{\mathrm{L}}(n) = T. \tag{5.12}$$

同时，注意到关键路线 L_{c} 的特点，易知

$$t_{\mathrm{E}}(1) = t_{\mathrm{L}}(1), \ t_{\mathrm{E}}(n) = t_{\mathrm{L}}(n). \tag{5.13}$$

往往一个结点可以同时与多条箭线相关：或是有多个箭头指向它，或是有多个箭尾连着它，或两者兼而有之，此称为在一个结点处出现多个通道. 特殊地，当指向结点的箭头与连着结点的箭尾只有一个（始点为一个箭尾相连，终点为一个箭头指向）时，就称为该结点处出现单个通道.

设有结点 k，对 k 来考察其最早与最迟的两个结点日期.

与 k 相关的各结点作为元素的集记作 S_k. S_k 中元素个数的多少就刻划出在 k 处是单个通道还是多个通道. 将 S_k 分解为两个不相交的子集 S_k' 与 S_k''，即有 $S_k = S_k' + S_k''$，其中，S_k' 的每个元素 $i < k$，亦即 i 是工序 (i,k) 的开工结点；S_k'' 的每个元素 $j > k$，亦即 j 是工序 (k,j) 的完工结点.

①当结点 k 作为完工结点时，取顺统筹图走向作自左至右的前进计算. 分别对每个工序 (i,k) 来说，结点 k 的最早日期 $t_{\mathrm{E}}(k) \geqslant t_{\mathrm{E}}(i) + t(i,k)$. 因为要等每个以 k 为完工结点的工序 (i,k) 全部结束后，才可以开始以 k 为开工结点的紧后工序，

所以 $t_E(k)$ 应取各个 $t_E(i) + t(i,k)$ $(i \in S'_k)$ 中的最大值, 即有

$$t_E(k) = \max_{i \in S'_k}[t_E(i) + t(i,k)] \quad (k = 2, 3, \cdots, n-1, n). \tag{5.14}$$

所得数值填入小正方形框中, 置于图中结点 k 的左下方.

②当结点 k 作为开工结点时, 取逆统筹图走向作自右至左的后退计算. 分别对每个工序 (k,j) 来说, 结点 k 的最迟日期 $t_L(k) \leqslant t_L(j) - t(k,j)$. 因为要使每个以 k 为开工结点的工序 (k,j) 都能开始前就必须结束以 k 为完工结点的紧前工序, 所以 $t_L(k)$ 应取各个 $t_L(j) - t(k,j)$ $(j \in S''_k)$ 中的最小值, 即有

$$t_L(k) = \min_{j \in S''_k}[t_L(j) - t(k,j)] \quad (k = n-1, n-2, \cdots, 1). \tag{5.15}$$

所得数值填入小正方形框中, 置于图中结点 k 的右下方.

(3) 工序的时间参数计算

有关工序的日期有四种:

①工序最早开工日期, 记作 $t_{ES}(i,j)$;

②工序最早完工日期, 记作 $t_{EF}(i,j)$;

③工序最迟开工日期, 记作 $t_{LS}(i,j)$;

④工序最迟完工日期, 记作 $t_{LF}(i,j)$.

顾名思义, "最早日期" 指的是再也不能提前的日期, 但是延迟些则有可能是允许的; "最迟日期" 指的是再也不能拖后的日期, 但是提早些则有可能是允许的.

按照工序时间与结点日期的关系, 得到下列两组算式:

①计算 $t_{ES}(i,j)$ 与 $t_{EF}(i,j)$, 是顺统筹图走向自左至右前进计算. 成立

$$t_{ES}(i,j) = t_E(i), \tag{5.16}$$

$$t_{EF}(i,j) = t_{ES}(i,j) + t(i,j) = t_E(i) + t(i,j). \tag{5.17}$$

②计算 $t_{LS}(i,j)$ 与 $t_{LF}(i,j)$, 是逆统筹图走向自右至左后退计算. 成立

$$t_{LF}(i,j) = t_L(j), \tag{5.18}$$

$$t_{LS}(i,j) = t_{LF}(i,j) - t(i,j) = t_L(j) - t(i,j). \tag{5.19}$$

例 5.25 在例 5.24 所描述的工程中, 计算各结点的最早到达时间、最迟到达时间; 各工序的有关时间参数.

解

(1) 计算各结点最早到达时间

$$t_E(1) = 0,$$

$$t_E(2) = \max\{t_E(1) + t(1,2)\} = \max\{0 + 60\} = 60,$$
$$t_E(3) = \max\{t_E(2) + t(2,3)\} = \max\{60 + 10\} = 70,$$
$$t_E(4) = \max\{t_E(2) + t(2,4)\} = \max\{60 + 20\} = 80,$$
$$t_E(5) = \max\{t_E(2) + t(2,5), t_E(4) + t(4,5)\} = \max\{60 + 40, 80 + 0\} = 100,$$
$$t_E(6) = \max\{t_E(4) + t(4,6)\} = \max\{80 + 30\} = 110,$$
$$t_E(7) = \max\{t_E(2) + t(2,7), t_E(3) + t(3,7), t_E(5) + t(5,7), t_E(6) + t(6,7)\}$$
$$= \max\{60 + 45, 70 + 18, 100 + 15, 110 + 25\} = 135,$$
$$t_E(8) = \max\{t_E(7) + t(7,8)\} = \max\{135 + 35\} = 170.$$

(2) 计算各结点最迟到达时间

$$t_L(8) = T = 170,$$
$$t_L(7) = \min\{t_L(8) - t(7,8)\} = \min\{170 - 35\} = 135,$$
$$t_L(6) = \min\{t_L(7) - t(6,7)\} = \min\{135 - 25\} = 110,$$
$$t_L(5) = \min\{t_L(7) - t(5,7)\} = \min\{135 - 15\} = 120,$$
$$t_L(4) = \min\{t_L(6) - t(4,6), t_L(5) - t(4,5)\} = \min\{110 - 30, 120 - 0\} = 80,$$
$$t_L(3) = \min\{t_L(7) - t(3,7)\} = \min\{135 - 18\} = 117,$$
$$t_L(2) = \min\{t_L(7) - t(2,7), t_L(3) - t(2,3), t_L(5) - t(2,5), t_L(4) - t(2,4)\}$$
$$= \min\{135 - 45, 117 - 10, 120 - 40, 80 - 20\} = 60,$$
$$t_L(1) = \min\{t_L(2) - t(1,2)\} = \min\{60 - 60\} = 0.$$

(3) 计算各工序的时间参数, 列入表 5.35.

表 5.35　工序起讫时间表

工序代号及起始结点	t_{ES}	t_{LS}	$t(i,j)$	t_{EF}	t_{LF}
a=(1,2)	0	0	60	60	60
b=(2,7)	60	90	45	105	135
c=(2,3)	60	107	10	70	117
d=(2,4)	60	60	20	80	80
e=(2,5)	60	80	40	100	120
f=(3,7)	70	117	18	88	135
g=(4,6)	80	80	30	110	110
h=(5,7)	100	120	15	115	135
k=(6,7)	110	110	25	135	135
l=(7,8)	135	135	35	170	170

三、工程进度优化

统筹方法不仅能制定一个工程的详细计划和各工序的具体起讫时间表, 还可以根据条件和要求, 确定最优方案.

(1) 时间优化. 根据对计划进度的要求, 缩短工程工期, 所采取方法是缩短关键工序的工期, 利用非关键工序的机动性, 对人力、物力作合理调整, 保证重点, 保证关键工序.

(2) 时间、资源优化. 制订计划时尽量合理地利用现有资源, 缩短工程工期.

(3) 时间、费用优化. 一般研究工程工期与费用的关系, 或保证按时完成工程, 使费用最省; 或限制费用情况下, 使工程尽早完工.

例 5.26 (时间 – 资源优化)

表 5.37 给出一幢房子的建筑装潢工程的工序及工期等资料, 表 5.36 给出该建筑队的电力供应及建筑工人数. 试问应如何安排各工序, 使该工程如期完工.

表 5.36

	第 1~4 天	第 5~8 天	第 9~11 天	第 12~20 天
电力 / 千瓦	8	23	20	12
人力 / 人	8	18	18	10

表 5.37

工序代号	工期 / 天	紧前工序	每天所需电力 / 千瓦	每天所需人力 / 人
a	4	—	3	4
b	8	—	4	2
c	6	b	5	6
d	3	a	2	3
e	5	a	7	5
f	7	a	10	7
g	4	b,d	5	4
h	3	e,f,g	6	2

解

(1) 绘出统筹图 (图 5.16), 给各结点编号.

(2) 找关键路. 给各结点标号: $v_7[0,0], v_6[3,7], v_4[3,6], v_5[7,6], v_2[11,5], v_3[7,5], v_1[15,3]$. 关键路为 $v_1 \to v_3 \to v_5 \to v_6 \to v_7$, 工程工期为 15 天. 关键工序有 b, g, h.

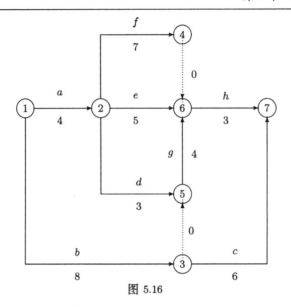

图 5.16

(3) 各工序起讫时间表 (表 5.38).

表 **5.38**

工序代号及	开工时间		工期	完工时间		时差
起始结点	t_{ES}	t_{LS}	t	t_{EF}	t_{LF}	t_δ
a=(1,2)	0	1	4	4	5	1
b=(1,3)	0	0	8	8	8	0
c=(3,7)	8	9	6	14	15	1
d=(2,5)	4	5	3	7	8	1
e=(2,6)	4	7	5	9	12	3
f=(2,4)	4	5	7	11	12	1
g=(5,6)	8	8	4	12	12	0
h=(6,7)	12	12	3	15	15	0

(4) 工程进度表:

①首先安排好关键工序: b, g, h, 在进度表中标上实线, 线上方写上每天该工序所需电力, 下方写上所需人力. (注: 各工序起讫时间表中开工时间实际应为次日. 如 $t_{EF}(2,5) = 4$, 表示第五天)

②在表中标出各非关键工序加工时间范围 (在 t_{ES} 与 t_{LF} 之间).

③根据每天所剩人力、物力, 尽可能先满足需要量大的工序.

在表 5.39 中给出了各工序的实施情况, 即进度表, 同时可以见到各种资源使用情况.

表 5.39

工序	工期	1	2	3	4	5	6	7	8	9	10	11	12	13	14	15
a	4	3	3	3	3											
		3	3	3	3											
b	8	4	4	4	4	4	4	4	4							
		2	2	2	2	2	2	2	2							
c	6									5	5	5		5	5	5
										6	6	6		6	6	6
d	3					2	2	2								
						3	3	3								
e	5					7	7	7	7				7			
						5	5	5	5				5			
f	7					10	10	10	10	10	10	10				
						7	7	7	7	7	7	7				
g	4									5	5	5	5			
										4	4	4	4			
h	3													6	6	6
														2	2	2
电力供应		8	8	8	8	23	23	23	23	20	20	20	12	12	12	12
实用电力		7	7	7	7	23	23	23	21	20	20	20	12	11	11	11
人力供应		8	8	8	8	18	18	18	18	18	18	18	10	10	10	10
实用人力		6	6	6	6	17	17	17	14	17	17	17	9	8	8	8

例 5.27 (时间 − 费用优化)

在例 5.24, 例 5.25 所讨论的工程中, 同时还给出如表 5.40 有关数据, 该工程的间接费用为每天 400 元. 试问该工程最小费用为多少？此时工程工期为几天？

表 5.40

工序代号	正常情况		赶工情况		赶工费用 /(元 / 天)
	正常工期 / 天	直接费用 / 元	工期下限 / 天	直接费用 / 元	
a	60	10000	60	10,000	—
b	45	4500	30	6,300	120
c	10	2800	5	4,300	300
d	20	7000	10	11,000	400
e	40	10000	35	12,500	500
f	18	3600	10	5,440	230
g	30	9000	20	12,500	350
h	15	3750	10	5,750	400
k	25	6250	15	9,150	290
l	35	12000	60	12,000	—

解 统筹图、关键路及各工序起讫时间表在例 5.24 、例 5.25 中已求得.

方案 I 记为正常情况, 方案 I 的总费用 = 直接费用 (各工序直接费用之和) + 间接费用 (工期天数 ×400)=68900+170×400=136900(元).

　　如果要缩短方案 I 的工期, 必须首先缩短关键路上某工序的工期, 关键工序 a, d, g, k, l 中 d, g, k 工序可缩短工期, 而 g, k 工序赶工费用要比 d 小. 方案 II 将工序 g, k 各缩短 10 天, 此时工程工期为 150 天, 总费用 = 原来费用 (方案 I 的费用, 136900) + 赶工增加的费用 - 缩短工期节省的费用 $=136900+350\times10+290\times10-20\times400=135300$(元). 显然方案 II 要比方案 I 好 (工期少 20 天, 费用少 1600 元).

　　方案 III 希望在方案 II 的基础上将工程工期再缩短, 同时使费用也减少. 在方案 II 时, 统筹图转变为图 5.17.

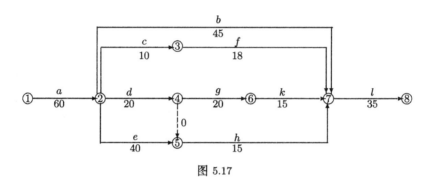

图 5.17

　　在图 5.17 中, 工期为 150 天, 关键路有 $v_1 \to v_2 \to v_4 \to v_6 \to v_7 \to v_8$, 与 $v_1 \to v_2 \to v_5 \to v_7 \to v_8$ 两条, 关键工序有 a, d, g, k, l, e, h, 而工序 g,k 已达到工期下限值, 不能再赶工期, 所以要缩短工期只有缩短工序 d 与 e 或 d 与 h. 若缩短工序 d 与 e, 每天增加的费用为 $400+500=900$, 而节省费用只有 400 元, 显然得不偿失. 若缩短工序 d 与 h, 每天增加的费用为 $400+400=800$, 同样也不合适.

　　所以, 由以上分析得知方案 II 为最优时间、费用方案.

讨论、思考题

　　1. 在本教材介绍的 m 台机器上加工 n 个零件的排序问题的假设下, 若

$$x_{i_j, j} + t_{i_j, j} = \max\{x_{1j} + t_{1j}, x_{2j} + t_{2j}, \cdots, x_{nj} + t_{nj}\},$$

其中 $1 \leqslant j \leqslant m$, 该式表示什么含义? 在该式中, 第 i_1 个零件与第 i_2 个零件的加工次序如何确定?

　　2. 对固定源平面选址问题, 试请你给出一种分组的方法.

　　3. 设 $A = (a_{ij})$ 是矩阵对策的赢得矩阵. 对 A 的每个元素加上同一个适当的整数, 使得赢得矩阵为一正矩阵. 此时求得的最优混合策略就是原问题的最优解, 对策值如何变化?

　　4. 试解释 $t(i, j)$ 的估计公式 (各参数的含义见前文)

$$t = \frac{a + 4m + b}{6}.$$

参考文献

1　王建华. 对策论, 清华大学应用数学丛书第 3 卷. 清华人学出版社,　1986

2　运筹学教材编写组. 运筹学 (修订版). 清华大学出版社,　1990

3　胡运权. 运筹学教程. 清华大学出版社,　1998

习　　题

1. 在一台车床上要加工七个零件, 表 1 给出它们的加工顺序, 试确定最佳加工顺序, 使各零件的平均滞留时间最短, 并求出平均滞留时间.

表 1

零件编号	1	2	3	4	5	6	7
加工时间	10	11	2	8	14	6	5

2. 在某机床上计划加工 4 种零件, 各零件所需的件数, 每件加工时间和各种零件加工前准备时间如表 2 所示, 试确定各零件加工顺序, 使平均滞留时间最短, 并求出平均滞留时间.

表 2

零件代号	A	B	C	D
所需件数	4	2	8	5
每件加工时间	20	30	15	20
准备时间	20	20	30	20

3. 有 6 个零件, 按工艺要求需依次在 M_1 和 M_2 上加工, 其加工时间如表 3 所示, 试确定这 6 个零件的加工顺序, 使完成全部零件加工的总时间最短, 绘出条形图并求出各机器的等待时间.

表 3

零件编号	1	2	3	4	5	6
M_1	4	8	1	9	3	2
M_2	6	3	5	2	7	6

4. 有 8 个零件需依次在 M_1 和 M_2 上加工, 加工时间如表 4, 试确定最佳加工顺序, 使全部零件尽早加工完毕, 写出各零件起讫时间表, 求出各机器的等待时间.

表 4

零件编号	1	2	3	4	5	6	7	8
M_1	8	2	1	5	2	4	6	9
M_2	3	7	1	3	9	10	3	4

5. 某车间从上午 8:00 开始加工 5 个零件, 这些零件必须依次通过机床 M_1、M_2、M_3, 其加工时间如表 5. 试求使总加工时间最短的零件最佳排序, 写出各零件加工起讫时间表, 求出各机床等待时间.

表 5

零件编号	M_1	M_2	M_3
A	1.75	0.50	1.25
B	2.50	0.75	2.00
C	1.50	1.00	1.00
D	1.75	0.75	0.50
E	2.00	1.25	0.50

6. 求树形图 1, 图 2 上的最优地址.

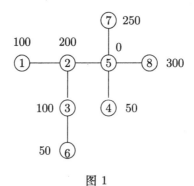

图 1

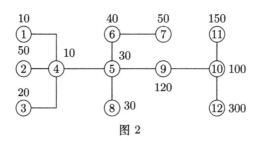

图 2

7. 求中心选址问题 (图 3) 的最优方案.

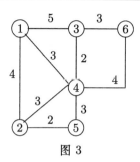

图 3

8. 某公司有三个门市部供应它的产品，现要建造一加工厂以供应各门市部需要. 问工厂应建在哪里，使加工厂到各门市部运输产品的费用最小. 有关数据如表 6, 精度 $E=0.05$.

表 6

门市部代号	坐标位置	需求量 / 吨	运价 /(元 / 吨公里)
1	(0,0)	10	1
2	(0,8)	12	1
3	(10,5)	8	2

9. 一大型化学公司有七个化工厂，生产大量的高分子材料，它正考虑建造两个新厂来生产这些厂所需原料. 有关数据如表 7 所示. 试求 $m=2$ 时固定源选址问题.

10. 甲、乙两名儿童玩游戏. 双方可分别出拳头 (代表石头), 手掌 (代表布), 两个手指 (代表剪刀). 规则是：剪刀赢布，布赢石头，石头赢剪刀，赢者得一分. 若双方所出相同，为和局，均不得分. 试列出儿童甲的赢得矩阵.

11. "二指莫拉问题". 甲、乙两人游戏，每人出一个或两个手指，同时又把猜测对方所出的指数叫出来. 如果只有一个人猜测正确，则他的赢得分数为二人所出指数之和，否则重新开始. 试写出该对策中各局中人的策略集及甲的赢得矩阵，并说明是否存在某一种策略比其他策略更有利.

表 7

厂号及坐标	运价 β_i /(元 / 吨公里)	需要量 / 吨
$P_1(12,44)$	0.021	1000
$P_2(52,108)$	0.033	3000
$P_3(18,78)$	0.041	4000
$P_4(38,21)$	0.027	2000
$P_5(89,65)$	0.042	3000
$P_6(72,73)$	0.036	3000
$P_7(68,11)$	0.024	2000

12. 求解下列矩阵对策，其中赢得矩阵 A 分别为

$$(1) \begin{pmatrix} -2 & 12 & -4 \\ 1 & 4 & 8 \\ -5 & 2 & 3 \end{pmatrix} \qquad (2) \begin{pmatrix} 2 & 7 & 2 & 1 \\ 2 & 2 & 3 & 4 \\ 3 & 5 & 4 & 4 \\ 2 & 3 & 1 & 6 \end{pmatrix}$$

13. 用线性规划方法求解下列矩阵对策, 其中赢得矩阵 A 为

$$(1) \begin{pmatrix} 8 & 2 & 4 \\ 2 & 6 & 6 \\ 6 & 4 & 4 \end{pmatrix} \qquad (2) \begin{pmatrix} 2 & 0 & 2 \\ 0 & 3 & 1 \\ 1 & 2 & 1 \end{pmatrix}$$

14. 某工程施工有 12 个工序, 各项施工顺序和所需时间如表 8 所示.

表 8

工序名	紧前工序	工期 / 天	工序名	紧前工序	工期 / 天
a	–	3	g	d	8
b	a	8	h	f, g	9
c	b	6	i	c	18
d	a	14	j	e, i, f	12
e	b	16	k	h, j	5
f	d	10	l	k	4

试作出该工程的统筹图, 并给各结点编号.

15. 图 4 为某工程的统筹图, 试写出各工序的紧前关系, 并找出关键路. (工期单位: 天)

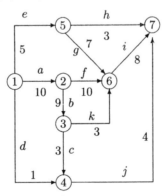

图 4

16. 找出第 14 题中工程统筹图的关键路, 并绘出各工序的起讫时间表.

17. 在第 15 题给出的工程中, 若每天的管理费用为 3 千元, 表 9 给出了该工程各工序的直接费用, 各工序的最少工期, 以及各工序缩短一天所增加的费用, 试求出最优方案使总费用最少.

表 9

工序名	正常工期 / 天	总费用 / 百元	最短工期 / 天	每缩短一天增加费用 / 百元
a	10	100	6	20
b	9	50	9	—
c	3	150	2	50
d	1	20	1	—
e	5	20	4	6
f	10	60	6	8
g	7	30	5	6
h	3	10	2	5
i	8	70	6	12
j	4	100	2	30
k	3	120	2	30

18. 设某工程的工序明细表如表 10 所示.

表 10

工序	工时	紧前工序	工序	工时	紧前工序
A	3	G,L	G	2	B,C
B	4	H	H	5	—
C	7	—	I	2	A,K
D	3	K	J	1	F,I
E	5	C	K	7	B,C
F	5	A,E	L	3	C

(1) 绘制统筹图;

(2) 计算时间参数;

(3) 确定关键路线.